人性高手

明道 著

中国致公出版社·北京

图书在版编目（CIP）数据

人性高手 / 明道著. -- 北京：中国致公出版社，
2025. 1. -- ISBN 978-7-5145-2298-3

Ⅰ. B848.4-49

中国国家版本馆 CIP 数据核字第 20240H2B33 号

人性高手 / 明道　著
RENXING GAOSHOU

出　　版	中国致公出版社
	（北京市朝阳区八里庄西里 100 号住邦 2000 大厦 1 号楼西区 21 层）
发　　行	中国致公出版社（010-66121708）
作品企划	乐律文化
责任编辑	王福振
责任校对	吕冬钰
责任印制	周　贺
印　　刷	三河市嘉科万达彩色印刷有限公司
版　　次	2025 年 1 月第 1 版
印　　次	2025 年 1 月第 1 次印刷
开　　本	880 mm×1230 mm　1/32
印　　张	7.5
字　　数	143 千字
书　　号	ISBN 978-7-5145-2298-3
定　　价	69.80 元

（版权所有，盗版必究，举报电话：010-82259658）
（如发现印装质量问题，请寄本公司调换，电话：010-82259658）

前言 | PREFACE

长期来看,决定人与人之间差异的,不是天赋,不是勤奋程度,而是对人性的理解。

如果说人生实现跃迁的第一个层次是靠学识、靠勤劳、靠拼命干,和别人竞争,去实现财富跃迁;那么第二个阶段靠的就是观念、思维,靠强大的认知,和对人性的深刻把握。

一

高手都是逆人性的。

如果你很努力了,还很有才华,但没有成功,多半是你没有建立逆人性思维。

比如,一类人很计较物业管理费,认为愈少愈好。但是他们拥有的住宅因为缺乏管理,5年、10年后已破破烂烂。一类人则相反，他们的小区因管理良好，10年过去房价反而大幅提高。

一类人认为，我要交穷哥们，这样我才有优越感，相处起来也舒服。一类人认为，我要敢于向上社交，"我或许对他并不重要，但是，他对我非常重要。所以我必须主动一点。"

一类人认为，这世界不公平，经常说："气死我了。"一类人认为，这世界不公平，但合理。

一类人认为，我对他那么好，我花了那么心思和钱在他身上，可是……一类人认为，要将精力用在提升自身价值上，让自己变得"值钱"。

一类人思考的核心逻辑是划不划算，买不买得起。一类人思考的是我需不需要。

一类人吃饭讲究味道好不好。一类人吃饭讲究有没有营养，对身体好不好。

从心理学角度讲，前一类人是顺人性思维，后一类人是逆人性思维。

二

高手把人性看得很透。通过对社会现象与成功案例的观察，你会发现，高手能洞悉人心。

有一个在商人间世代流传的故事。

前言
PREFACE

某县城南街开着两家米店，一家字号"永昌"，另一家叫"丰裕"。"丰裕"米店的老掌柜眼看兵荒马乱生意不好做，就想出个多赚钱的主意。

某日，老掌柜把星秤师傅请到家里，避开众人，对星秤师傅说："麻烦师傅给星一杆十五两半一斤的秤，我多加一串钱。"从前的秤十六两一斤，因此有半斤八两之说。

这位星秤师傅为了多得一串钱，就忘掉了操守，满口答应下来。

老掌柜最小的儿子两个月前刚娶一塾师的女儿为妻。新媳妇正在屋里做针线，公爹吩咐星秤师傅的话被她听见了。等老掌柜离开后，新媳妇沉思了一会儿，走出新房对星秤师傅说："我公爹年纪大了，有些糊涂，刚才一定是把话讲错了。请师傅星一杆十六两半一斤的秤，我再送您两串钱。不过，千万不能让公爹知道。"星秤师傅为了再多得两串钱，也答应了。

年底一算账，"丰裕"米店发了财，"永昌"米店没法维持了，便把米店转让给了"丰裕"。

老掌柜心里高兴，把年初多掏一串钱星十五两半一斤秤的经过说给孩子们听。大家都说他不显山不露水的，连自家人都没察觉，就把钱赚了，老人家实在高明。

这时，新媳妇再也坐不住了，就从座位上站起来，不慌不忙把年初多掏两串钱星十六两半一斤秤的经过讲给大家听："爹说得对，咱是靠秤发的财。咱的秤每斤多半两，顾客就愿买咱家的米，咱家的生意就兴旺。尽管每一斤米少获了一点利，可卖的多了获利就大了。"

我认识北京一家旅行社的老板，手底下有几十个导游。导游带团的时候，游客在外面的花销可以在公司报销。今年颐和园坐游船的票价降低了，有的老导游，还按去年的高价报销，因为团队没有票，只点人头，所以屡屡得逞。我问老板，这种情况你不知道吗？他说："我怎会不知道？我假装不知道，他们才会在我这里干，不会跑到其他旅行社接团。"

大部分人其实都想占点便宜，其实有时候吃点亏才是智慧的。

三

高手能控制人性。

这世上有太多的人，自己没本事，挣不到钱，就希望别人也挣不到钱，这样心里就平衡了。要穷大家一起穷，凭什么你比我有钱。

而真正的富人正好相反。富人谈论最多的是互相成就，花花轿儿人抬人。

常人想，这件东西太贵，我可付不起。富人想，这件东西很好，我怎样才能付得起呢？

常人想，市面上的商品都是为勤快的人准备的。富人想，人的本性是趋懒的，市面上的商品也都是为懒惰的人准备的。比如洗衣机，是为懒得用手洗的人开发的。

我们一般人都希望付出立刻就要有回报，内心需要的是立即反馈。有的人买股票，今天买了，明天就希望它涨。

而真正的高手呢？就在那里等。会买的是徒弟，会卖的是师傅，会等的是祖师爷。抵住诱惑，管住手，忍受煎熬。

若想成功，首先要打败另一个自己，那个被人性控制的自己。

四

人性高手在大是大非上拎得清。

在路上开车，有人非要超到你前面。你很生气，你想和他斗斗车，看谁斗得过谁，谁让你不爽你就让谁不爽。人性高手就会想，我要抓紧时间到目的地，和他斗气，心里舒服了，但是浪费时间，时间很宝贵，损失很大，所以就不和他计较了。

你看那些地位高的人，或者有钱人，会为了别人开车插个队生气吗？

越是段位高的人，越客客气气。

有一年，我和发小投资了一家养殖场。那时候我在北京刚赚点钱，发小给我打电话说，老家有个农业项目，不用亲自经营，只要投点资就能坐收分红。听他讲，租一片地，利用太阳能发电,然后再种上草、养羊、养鹅,还可以开家农家乐。我一听挺好,就把 90 万元打过去了。

结果,半年后,我去那里,只看到一个老大爷在门口看门。院子里杂草丛生,我找了半天也没看到一只鹅。

我当然生气,甚至想和发小绝交。

现在想想,其实是我的错。感情用事,在大是大非上犯了糊涂。只投资点钱,不用操心、不用出力,就坐等分红,哪有那么好的事。

五

人性高手是按规律办事的高手。一般人想的是,怎样找个好妻子,人性高手想的是,好的妻子想找个什么样的丈夫?一般的老板想的是,只要给员工高工资、高奖金,员工就会死心塌地跟着干,人性高手想的是,什么员工该得到巨额奖赏,什么员工该受到什么样的惩罚。

人性是简单的,也是复杂的。村上春树说:"或许我的心包有一层硬壳,能破壳而入的东西是极其有限的。所以我才不能对人一往情深。"乔布斯、马斯克、黄峥、张一鸣等,也都曾在不同场合提及对于人性复杂细节的观察。我们只有学会观察、了解,甚至慢慢掌握人性的规律,才能够在经历了人生的风风雨雨之后,对自己越来越清楚,才能做事干脆、果断,做人自信、从容。

　　选择比努力重要，而思维比选择更重要。当你感觉人生到了瓶颈的时候，就一定要把这本书放在随手可及的地方，闲下来时读一读。提高自己的认知，从而觉醒、突破。

目录 | CONTENTS

第一章
方向不对,努力白费,认知不到位就只能瞎转悠、兜圈子

01

人生的三次选择 / 003

实现阶层跃迁的三个层次 / 007

跳出父母的思维定式 / 011

太自以为是是病 / 013

在别人眼里,你的勤奋可能一文不值 / 016

怎么让别人尊重你 / 019

世界的真相是反着的 / 021

第二章

走出焦虑与迷茫：觉醒越早，
行动越坚定

心理学的"糖果实验" / 025

为什么我们会变成自己曾经讨厌的人 / 027

一万小时定律：生活有多将就，生命就有多平庸 / 029

当你变得强大时，才会发现身边都是好人 / 031

爱管闲事的毛病要改改了 / 033

心理学中的供养者思维 / 035

强者和弱者的三个临界点 / 038

第三章

是非对错
有时只是角度和立场问题

谁的损失大，就是谁的错 / 043

阿德勒课题分离理论 / 046

越聪明的人，越会允许自己出错 / 048

凡事只要有可能出错，就会出错 / 050

你不愿意相信的，往往就是事情真相 / 052

第四章
即使所有人都不看好你，
你也要像鸟一样飞向你的山

"父母扭蛋"论 / 057

一切从你想得到什么开始 / 060

别人的起点就是我们的终点，怎么拼 / 062

即使所有人都不看好你，你也要像鸟一样飞向你的山 / 064

第五章
圈子不是单纯地吃吃喝喝，
每一个资源都是经营而来

向上社交 / 069

人脉的本质是给予价值、平等交换 / 072

认识好兄长，比苦干十年强 / 074

以"化解"代替解决 / 076

帮你的还会帮你，坑你的还会再坑你一次 / 079

如何吸引别人主动帮助你 / 082

第六章

赚钱，不只是勤奋，还有坚持和忍耐

勤奋是基础条件 / 087

你想几天就做得风生水起，那别人的坚持算什么 / 089

大胆地向生活索要 / 091

学会空仓，像投资高手那样忍耐 / 093

第七章
主动一步，站高一位

哥们，你变了 / 097

为什么有的单位里干活的人不招人待见 / 099

别人让步的前提是他知道你不会让步了 / 101

爱就要说出来 / 103

第八章
一开口就让人喜欢你

真话不全说，假话全不说 / 107

只要不产生利益冲突，别人的话一般不需要反驳 / 110

无论什么话，慢下来才有力量 / 112

你要口头的痛快还是实实在在的好处 / 114

第九章
爱的正确打开方式

好的婚姻，真能治病 / 119

不醒来，你再努力，也过不好这一生 / 121

穷和富都是一个考验 / 124

为什么人间多是被辜负 / 126

婚姻的三个阶段：发现、原谅、接纳 / 129

离婚后，怎样成为赢家 / 132

第十章
只要埋头苦干，做出业绩，迟早会被提拔？

你以为自己很重要，事实并非如此 / 137

委屈都受不了，能成什么大事 / 139

分清楚上下级关系 / 142

跟上司抢镜头，你会很惨 / 144

第十一章
自愈力：不疲劳的生活法则

自愈的能力 / 149

去爱一个你值得爱的人 / 151

彻底接受自己，伟大是熬出来的 / 153

救自己于水火 / 155

遇见谁，都是你生命中该出现的人 / 158

第十二章
智商过剩的时代，走心是唯一的技巧

一个人水平高，却混得一般，多半是人品不错 / 163

套路多的地方，用心才是最好的底牌 / 165

心理学隐秘弱点：受助者恶意 / 168

偏见是人的历史存在状态 / 170

作恶的人可以怪罪所有人，除了自己 / 172

不曾清贫难做人，不穷一次永天真 / 174

第十三章
不瞧不起任何人，也不必高看任何人

故意取悦别人是自己对自身信心的打击 / 179

看重人生，先从不看轻自己开始 / 182

靠人推是走不远的 / 184

成功者说：虽然这个很困难，但它是可能的 / 186

不后悔 / 188

第十四章
时间真的会随着年龄增长不断加速

迟到定律：时间越充足，越容易迟到 / 193

为什么等待的时间总是那么漫长 / 195

觉得为时已晚的时候，恰恰是最早的时候 / 198

当你慢慢变老，时间也会跟着加速 / 201

第十五章

不要辜负了每一次"好危机"

一部基于假象和谎言的连续剧 / 207

骗人的那些人并不是很聪明,为什么我们还会上当 / 209

当遇到大的诱惑的时候,沉住气 / 212

春天最舒服,但更有价值的是冬天 / 215

司机最重要的一个技能是踩刹车 / 217

第一章

方向不对,努力白费,认知不到位就只能瞎转悠、兜圈子

世界上最大的监狱是人的思维意识,是你的认知把你的路堵死了。你说,我可以改变我的行为,比之前更努力、更勤奋、更迅速,但是这种努力只会让你更快地到达错误的地点。你可以发现身边很多人都是老手,他们总有能力能拿到自己想要之物,如金钱、地位、友谊、影响力、客户等一切想要的东西。这都是因为,他们的思维不同。

手拿地图的旅人与漫无目的瞎转悠的人相比,他们更清楚自己的位置,更明白自己想看的风景,更知道自己的位置与目的地之间的距离。于是,他们拿着地图,朝着自己的目的地出发了。而就在他们出发的地方,有一大群人终其一生都在原地兜圈子。

人生的三次选择

努力,是事业腾达过程中必然的金钥匙,但比努力更重要的,却是你的方向选择。如果你开始的选择便注定不得志,那么不管你多么努力,都可能只是一场徒劳。

你想去海南,结果你往北走,你能到吗?你选择和一个很"渣"的人谈恋爱,无论怎样用力学习婚姻技巧,也过不好这一生。

所以,努力一定要放在选择之后。昨天的选择决定今天的结果,今天的选择决定明天的结果。选择不对,努力的效果为零或减半。

关系人生的重大选择有三个。

一是学业的选择。

上不上大学是两种人生,上好大学和上一般大学是两种人生,学不同的专业也是不同的人生。

俞敏洪曾经说过，在农村的时候，他高中毕业以后有两个选择：一是认认真真地当农民，面朝黄土背朝天一辈子，但是俞敏洪不甘心；二是离开农村，离开农村的唯一办法就是考大学。如果不离开农村，他或许能成为特别优秀的村干部，但也不会有现在的成就。

我的一个高中同学王宾，大学毕业后留校。28岁就当上了学院团委书记，30岁任学工处长，如今，已经是该校的校长助理。毕业的时候，许多大的跨国公司都去学校招聘人才，成绩好的人都被挑走了。成绩不好的人才会去一般的小单位。王宾当时成绩非常好，别人在大学"享受"人生的时候，他把主要精力用在学习上，于是被跨国公司挑中。但是他坚持留校，即使一开始只能做班级辅导员。假如他去了跨国公司，又是另一种结果。

我们班，有的同学进了国家机关，有的进了企业，有的自己创业。多年后，人生完全不同。有两个同学，没有单位接收，就一心考研，一直考到博士，一个在学校当了教授，一个到了地科所。

从学业到事业，不同的选择决定了不同的人生方向。每个人都只能年轻一次，珍惜学业选择的机会，对人生很重要。

人生另一件很重要的事情，就是选择伴侣。

有了一个好伴侣，实际上就有了一个希望。人的一生短短几十年，婚姻生活在其中至少占到一大半。你的婚姻质量不仅

第一章
方向不对，努力白费，认知不到位就只能瞎转悠、兜圈子

决定你的生活质量，而且还影响你的工作状态和身心健康。若是遇到对的人，那么，这辈子至少可以在平静安谧中度过，假如找到错的人，再怎么努力，再怎么退让，这辈子也难得消停。

所以，你必须在对的时间选择对的人。这样才能够风雨同舟，互相帮衬。必须考虑对方的德行，与对方是否有共同的兴趣爱好，是否有同样的价值观，这些因素非常重要。

择偶还需要考察一下对方的家庭背景，这种"门当户对"的观念虽然老土，但是确是最直接的判断方式。一般，出生在什么样的家庭，往往对一个人的人格有很大的影响。若是出身农家，小时候吃过贫困之苦，结婚之后一般能够保持勤俭持家，但是可能过于吝啬。若是小时候养尊处优，成家之后，往往可能入不敷出，尤其是赚钱能力不足的情况之下。所以，这是可以作为参考的要素，并非绝对。结婚不仅是两个人的事情，还会涉及两个家庭。

人生的第三个重要选择，是对人性考验的选择。

我以前做事习惯从感情出发，从事情本身出发，后来做事从人性出发，顺人性而做。其实，人是特别简单的，人的所思所想所做，都是在满足自己的需求。人又是趋利避害的，生命中不只需要同情，亦需要碾碎软弱心肠做出理性的最优选择。一般来说，人类的本性是趋向善、仁的，但亦有忘恩负义、变化多端、弄虚作假、怯懦软弱、生性贪婪的成分。

当你从以我为主的逆人性，走向什么事情都能理解的顺人

性,就选择了一条走向顺利人生的路。

苏格拉底曾说:"未经审视的生活,不值得过。"人生有很多次选择,无论怎么选都可能有遗憾。但是,审好、做对这三道"大题",你的人生就差不到哪去。

实现阶层跃迁的三个层次

如果你的父母奋斗了一辈子也只能维持温饱，到你这一辈，已经十分努力了，还挣扎在贫困线上，你可能就会慢慢开始相信无论你做什么，都不会对你的未来有多大作用。其他人因为他们的"特权""名头"和"关系"而得利的时候，你只有羡慕的份儿。

"我的生活是由我所不能影响的力量所控制的。"这是一种习得性无助，从而一边顺从，一边愤世嫉俗。

大部分人被锁死在一个社会层次上，限制在一个圈圈里，一辈子摆脱不了。那么，一个人，一个家庭，怎样才能实现阶层的跃迁呢？

一、财富的跃迁

中国过去40多年的巨变举世瞩目，这场巨变最显著的特征便是财富的迅速累积。但是还没有积累一定财富者就底气不足。所以，努力挣钱，实现财富的跃迁，是人生阶层跃迁的根本。不要说什么金钱如粪土，一分钱难倒英雄汉是真的。

你有没有发现，不少人即使再努力工作，每个月还是感觉钱不够花，这时候，需要更新自己对于金钱的认知。

收入来源有两种：一种是资产性收入，即利用现有资本本身带来的收益，如房租收入、股权分红、版税收入等。另一种是劳动性收入，即利用劳动和技术换来的报酬。大多数人之所以无法实现财务自由，就是因为他们只有劳动性收入，而没有资产性收入。

有了资产性收入，拥有财富之后，他们才有了让人尊敬的底气。

钱不是万能的，但经济搞不好也不行。有时候，没有钱，你说的再对的话也没人当回事。

二、思维的跃迁

在做事时候，因为思维方式的偏颇和错误所付出的代价最多，常常把问题看错，把事情做错。

实现阶层的跃迁，根本上要实现思想的跃迁。观念正确，理解才能正确，判断才能正确，行动才能正确。

如果说人生实现阶层跃迁的第一个层次是靠学识、靠勤劳、靠拼命干，和别人竞争，去实现财富跃迁；那么第二个阶段靠的就是观念、思维，靠强大的认知，和对人性的深刻把握。

如果你想的是对的，为什么你兜里没有自己想要的？如果你很努力了，还很有才华，但没有成功，多半是你的思维还没有实现跃迁。

三、三代人的努力

普通家庭要想实现阶层跃迁，需要三代人的努力，也许大多数人接受不了，时间太长，不现实也等不了。但，以现代社会阶层跃迁的难度，保守估计需要三代人一直的努力，做好自己应做的事情，才可以实现这个高难的目标。

这里的跃迁不仅是指财富的跃迁，还包括气质的跃迁、学识的跃迁。

每一个层次想要跃迁到另外一个阶层都很难，穷人要节衣缩食，中产要克制自己，富人要不断学习。改变对财富的看法，实现思维的跃迁，然后还要一代代人的不懈努力，才能真正实现阶层的跃迁。

其实人生有三个阶段：寻找自己，认识自己，成为自己。

但有些人不去寻找，也不去认识，想直接略过前两个阶段，来个三级跳，一蹴而就成为幻想中的自己。但他们终究无法跳过，所以就踩着正在寻找并认识自己的疑虑人群深一脚浅一脚地前移。

　　人生每一步都很重要，每一步都省不得。

跳出父母的思维定式

一般父母的思维，容易造成孩子的短视，限制孩子的视野与格局，束缚孩子的手脚，哪怕他已经很成功。富兰克林说："被贫穷思维缠身的人，如果自身力量不够强大，最终会把这种思维传递给下一代。"

有个同事贝贝，从小学习就好，一直梦想着考上重点大学，改变自己的人生。可是因为父母都是农民，在田间地头辛苦了一辈子，生怕孩子走上和自己一样艰辛的人生路。所以初中毕业时，逼着她读了中等师范学校，虽然她以全区第一的成绩考上了最好的重点高中。父母因为自身思维的局限，觉得能考上"中师"，摆脱农民的身份就已经很满足了，不敢再有更大的奢望。

好在贝贝没有听从父母的安排，工作后又读了大学，考了研究生。

后来，她把孩子交给公婆，转战南方老家做外贸，终于做出了名堂。

贝贝说："从上"中师"起，就要给自己争取各种机会，让别人认识你，知道你。这样，真有机会，也会先轮到你身上。不争取，能力也没锻炼，好事来了也没你的份啊。

"还有，你要和有背景的人做朋友，这些朋友给你带来的机会，会比你那些穷朋友多得多！和他们做朋友，会改变你很多。

"我认识到这一切时还是迟了。做生意后才发现，大胆争取和交有背景的朋友，这太重要了。我的一个重要客户还真是从别人手里抢过来的。幸亏我上大学时就很活跃，当记者，做社团，自我推销能力很强。"

你一定要跳出父母的穷人思维、老好人思维、退让思维、卑微思维等。原生家庭是你的一道坎，你不跨过去，你就永远只是父母的延续，贫穷的延续，没法开始自己的人生。

如果你的父母很成功，很有钱，或者很有地位，那就听父母的。否则，听自己的。

太自以为是是病

认知心理学博士安妮·杜克在《对赌》一书中写道："为什么在牌桌上一夜暴富的人,最后往往会输得倾家荡产?原因在于,这些人看到别人赢了钱,就会觉得是运气,而自己赢了钱,就觉得是实力,于是只要赢了一次钱,就觉得自己次次都能赢,最后导致血本无归。"

"自利性偏差"来自我们希望获得心安理得的本能,为"成功"与"失败"找理由、找借口,容易缓解心理压力,甚至获得虚荣心和满足感,但付出的代价往往是很自负,看不到自己的不足。

无论年龄、性别、信仰、经济地位或种族有多么不同,有一个想法是所有人都有的,那就是在每个人的内心深处都相信,我们比普通人要强。

在股票市场上,主动型投资者经常失败,因为他们总以为自己比所有人都聪明，经常做出自鸣得意的交易决策，一旦失败，就会心态失常。被动型投资者只希望做到一般水准，所以最成功。

生活中也是这样，有些人自以为自己聪明，就一定要把聪明用上，所以，总不按显而易见的道理去做。

本杰明·富兰克林在《富兰克林自传》中，叙述了他如何克服自以为是的习惯，不在任何时候都表现得比别人聪明，使自己成为美国历史上最能干、最和善、最老练的外交家的。

当富兰克林还是个毛躁的年轻人时，有一天，一位教会的老朋友把他叫到一旁，尖刻地训斥了他一顿："本，你真是无可救药。你已经打击了每一位和你意见不同的人。你的意见变得太珍贵了，没有人承受得起。你的朋友发觉，如果你在场，他们会很不自在。你知道的太多了，没有人再能教你什么，也没有人打算告诉你些什么，因为那样会吃力不讨好，而且又弄得不愉快。因此，你不能再吸收新知识了，但你的旧知识又很有限。"

富兰克林的优点之一，就是他接受教训。他已经能成熟、明智地领悟到他的确是那样，也发觉他正面临失败的命运。他立刻改掉了"感觉自己比别人聪明"的习惯。

"我立下一条规矩，"富兰克林说，"决不准自己太武断。我甚至不准自己在文字或语言上有太肯定的意见表达，比如当然、无疑等，而改用我想、我假设、我想象一件事该这样或那

第一章
方向不对，努力白费，认知不到位就只能瞎转悠、兜圈子

样或'目前，我看来是如此'。当别人陈述一件事而我不以为然时，我决不立刻驳斥他或立即指正他的错误。我会在回答的时候，表示在某些条件和情况下，他的意见没有错，但在目前这件事上，看来好像稍有不同等。我很快就领会到这种改变态度的收获：凡是我参与的谈话，气氛都融洽得多了。我以谦虚的态度来表达自己的意见，不但容易被接受，更减少了一些冲突。我发现自己有错时，没有什么难堪的场面。而我自己碰巧是对的时候，更能使对方不固执己见而赞同我。

"我最初采用这种方法时，确实和我的本性相冲突，但久而久之就逐渐习惯了。也许50年来，没有人听我讲过什么太武断的话，这是我提交新法案或修改旧条文能得到同胞的重视，而且在成为民众协会的一员后具有相当影响力的重要原因。我不善辞令，更谈不上雄辩，遣词用字也很迟疑，还会说错话，但一般说来，我的意见还是能得到广泛的支持。"

其实，在人生中，你什么时候承认自己的普通了，承认自己并非特别牛的时候，你才能真正地走上牛的道路。

成年人的世界里没有教育，只有筛选。

在别人眼里，
你的勤奋可能一文不值

你很勤奋，很敬业，只能证明当初用你是正确的，那个招你进单位的人力资源经理的眼光是独到的。如果你只知道努力工作，不去思考自己的未来，思考如何让自己更有价值，让自己的能力更好地变现，那么，你的努力就等于在消耗生命。

不管什么时候，努力都是必要的。但是，无论在过去还是现在，努力的人的结局却非常悬殊：有的腰缠万贯、身价不俗；有的则面临失业，生计无着。有的人迎来摞摞订单，有的人跑断了双腿也颗粒无收。犹太人的建议是：与其默默无闻地埋头苦干，不如多动脑子想想为什么同样的商店，同样奔波忙碌，有的人赚钱，有的人赔钱呢？

对于这个问题，洛克菲勒认为："我觉得是经营有问题，只知道工作的人不一定能取得更好的利润，如果经营得好，小本生意也可以赚钱的。"经营与工作是大不同的。

第一章
方向不对，努力白费，认知不到位就只能瞎转悠、兜圈子

就连迈克尔·乔丹都说："我不是用四肢打球，而是用脑子打球。"别看球员在场上同样跑来跑去，但是跑的效率可大不同。

有一个朋友，创业之前，是典型的慢条斯理、不慌不忙型，而现在，每一句交谈都能感受到他浓浓的紧迫感，巴不得将一天当作两天用、一块钱掰开当两块钱花。有一次我开玩笑："你这么猴急，在你下面可不好干啊。"他说："没办法，都是被逼的，被客户逼、被银行逼、被员工逼，不紧迫不行。"我回他："我看你这么下去，非把自己逼疯不可。现在公司也有百十号人了，冲锋陷阵也是你，日常琐事也是你，这样可不行啊。"他说："没办法，下面人能力不够，办事我总是不放心。很多事情我一个电话就搞定了，他们搞来搞去，半天也没有结果，最后还是要我来收拾烂摊子。"我回他："是的，你是公司老板，你一出手马上搞定，效率肯定高。但你有没有想过，这个高效率，仅仅是'点效率'，而不是'线效率'，更不是'面效率'。说得难听点，你可能是在用战术上的勤奋来掩盖战略上的懒惰，你这是在玩命啊。"他一脸惊愕。

你能干活，就有干不完的活。你能吃苦，就有吃不完的苦。

所谓"君忙国必乱，君闲国必治"。如果你发现自己的公司这里需要管理，那里需要管理，不是说明你的管理本事大，更不是管理效率高，而是恰恰说明你的公司没有管理好。你越努力，管理效率就越低，你越努力，离你的目标就越远。你自

己累，公司效益还很难有起色。

　　人生有些无解的事，再努力也解不开。盲目的努力就是消耗生命，认知、资源、方法、选择，比努力更重要。成功靠的是：经营而非蛮干。

怎么让别人尊重你

要让别人尊重你,就要有钱、有势,或者有才华,或者某方面的能力。没错,这些都可能赢得尊重。

但是,如果这些你都没有呢?

卡耐基在《人性的弱点》中说:当你变得不好惹时,别人才会尊重你。

人生一世实在太苦了,你诚心做一个老实人吧,人家就利用你欺负你;你稍有德才品貌吧,人家就嫉妒你排挤你;你大度退让,人家就得寸进尺。你要不与人争,就得与世无求,同时还要维持实力准备斗争;你要和别人和平共处,就得先和他们周旋,还得准备随时吃亏。

你要想不被别人欺负,就要由内而外散发出一种"不好惹"的气势。

永远不要拿自己的糗事,去逗别人开心。也不要说贬低自己，抬高别人的话，更不要过度示弱，祈求别人的慈悲。

始终如一地坚持自己的底线与原则，不要让任何人任何事突破它，人们就尊重你了。

别人说什么，你说考虑一下，这个事不要马上去办，你缓一缓，慢慢地大家就开始尊重你了。

话不要多，不要快、不要急，说话时声音压低一点，底气足一点。

保持神秘感，跟谁都不要把自己和盘托出，这样就没人能摸得准你的底线，也不敢轻易试探。

理直气壮地去做事，越理直气壮，支持你的人就越多。如果做一件事自己也没有底气，你会发现唏嘘声和等着看你笑话的人也越来越多。

美国波特兰州立大学的教授彼得·博格西昂说："别害怕冲突，冲突是展示你底线的最好时机。"一团和气的氛围中，人们会隐藏自己的真实想法和需求，去迷惑别人。但在冲突中，人们会被激起的情绪所主宰，这种情况下，人们不会进行理智的思考，而是会直接表露自己真实的想法，一吐为快。你就知道对方的需求和底线在哪里了，进而在此基础上寻求合作的可能。这比建立在虚伪上的合作要稳固得多。但是，不要纠缠于冲突，不要变成人身攻击，而是要及时跳出来。

余华说："当我们凶狠地对待这个世界时，这个世界突然变得温文尔雅了。"你适度地"为难"别人，别人就尊重你。

世界的真相是反着的

宋朝时两个秀才对诗:"远看铁塔一骨碌,顶上没有底下粗,要是把它倒过来,底下没有顶上粗。"

当一件事你无法解决时,不妨颠倒一下,反过来想。比如,越想利己就越要先去"利他"。

同事和她 8 岁的儿子。

儿子:妈妈,你真安逸,都不用做作业。

同事:那我来帮你写作业,你来检查好吗?

儿子高兴地答应了。

同事把"作业"做完了给儿子检查,儿子认真地检查了一遍,还给妈妈讲解错题、列出算式,但是他不知道妈妈为什么把每道题都做错了。

其实,人世间没有一样不颠倒。

有些人,看起来呼朋唤友,其实私下里很孤独。

一个外向的人，配偶往往是极其内向的人。好汉无好妻，懒汉娶花枝。

你以为时间是向前走的，其实相反，时钟都是倒着走的，人生都是倒计时。

你最疼爱的那个孩子长大了最孝顺？你最偏向的那个孩子过得最幸福？

你看到一个人的明显特征，同时你也就看到了他相反的一面。

有些事你做不成，不是你能力不行，不是认知不够，不是不够努力，而仅仅是以前的做法反了，搞颠倒了。

你追求成功的方法是错误的，不如反过来追求失败。

你去追求配偶，付出所有去巴结，就是颠倒了本末，你应该首先回归自己，提升自己的价值，让自己配得上对方。

如果你自己都不爱自己．怎么能指望别人来爱你呢？

《百年孤独》中说："生命中曾经有过的所有灿烂，原来终究都需要寂寞来偿还。"在自己的世界把自己看得重一点，在别人的世界把自己看得轻一点。静静地过好自己的生活，心若不动，风又奈何？

正着想，想不通的时候，就反过来想。

第二章

走出焦虑与迷茫：
觉醒越早，行动越坚定

02

人与人之间的根本差异是认知能力上的差异，因为认知影响决定，决定改变命运。人的成长不是努力、努力、再努力，而是提高认知后，坚定往前走。而且认知越清晰，行动越坚定。

　　你认知的高度，决定了你一生的高度。每个人的认知层次不同，下层没法看清上层的世界。认知层次较高的人，能看到一般人看不到的东西，每提高一层，就能看到多得多的风景。很多时候，你焦虑和迷茫的原因，不是世界复杂，而是认知太浅、太模糊。认知对了，事就成了！

心理学的"糖果实验"

古希腊哲学家柏拉图说：自制是一种秩序，一种对于快乐与欲望的控制。

发展心理学的"糖果实验"也证明：那些忍住诱惑的孩子，成年后在事业上更易成功。

20世纪60年代，美国心理学家瓦特·米伽尔给一些4岁小孩子每人一颗非常好吃的软糖，同时告诉孩子们可以吃糖，如果马上吃，只能吃一颗；如果等20分钟，则能吃两颗。有些孩子急不可待，马上把糖吃掉了。另一些孩子却能等待，为了使自己耐住性子，他们闭上眼睛不看糖，或头枕双臂、自言自语、唱歌，有的甚至睡着了，他们终于吃到了两颗糖。当棉花糖换成奥利奥饼干或者糖豆，对结果并没有影响。

研究人员在十几年以后再考察当年那些孩子的表现，那些能够为获得更多的软糖而等待得更久的孩子要比那些缺乏耐心的孩子更容易获得成功，他们的学习成绩要相对好一些。在后来的几十年的跟踪观察中，发现有耐心的孩子在事业上的表现也较为出色。

"其实人与人都很相似的，不同就那么一点点。"这一点点，在相当程度上，就是一种自我克制的能力。如果一个人，把自己的命运，把人生的希望，把自己的追求，毫无保留地托付给一个毫无约束的人，笃定地认为别人不会辜负自己。这是不懂人性，也是不尊重人性。

在复杂的后现代生活里，处处在强调未来，你需要为三年后的顺利毕业而努力学习；需要规划自己未来的职业道路；需要投资理财使自己老有所依。这些都意味着你需要从自我毁灭的享乐循环以及面对诱惑的脆弱中走出来，从而节省精力追求有建设性的梦想，否则新年时许下的戒烟、减肥、减少冲动消费、还清信用卡等愿望，都是没用的。

所有成功的背后都是苦行僧般的自律。习得延迟满足和看待问题的长远视角才能让我们免于平庸。为了花钱的自由，为了说走就走的自由，成年人，请你自律一点点，为未来多考虑一点点。

为什么我们
会变成自己曾经讨厌的人

也许曾经的你，看到乞丐会施舍钱，会在公交车上给老人让座，看到不公平的事会打抱不平，会热心帮助周围的人，讨厌那些拍马屁的人，在所有人眼中是个正能量的人，积极上进，心地善良。

也许现在的你，学会了沉默，变得不再热心，偶尔也会拍马屁，学会了低头，学着事不关己高高挂起，对很多事情装作看不到。

当初讨厌一种人，也就是对于某种性格，某种状态，你有强烈的反应。你不喜欢自己身上这一部分，你在压抑这一部分。但是越压抑，越是会反弹，越会促使自己呈现出那个样子。

终于在这一天，我们变成了自己曾经讨厌的模样。

成为自己曾经讨厌的样子，这并不是坏事。至少把这部分活过来了。明明注定会成为这样的人，拼命掩饰虚伪地活才划不来。如今，自己喜欢的样子、讨厌的样子，都能包容，才好。

　　认识你自己，这是哲学家终其一生都在追问的难题。可是，对芸芸众生来说，成为理想中的自己，却是有可能实现的。也许一开始的自己只是一种自我暗示，并不是真正的自己，但只要不断经历、改变、适应，并不断调整，最后也许能真的变成理想中的自己。

　　你并不令人讨厌。变成现在的样子也不是你的错。请接纳现在的自己。

一万小时定律：
生活有多将就，生命就有多平庸

"人们眼中的天才之所以卓越非凡，并非天资超人一等，而是付出了持续不断的努力。一万小时的锤炼是任何人从平凡变成世界级大师的必要条件。"这就是"一万小时定律"。

要成为某个领域的专家，需要一万个小时，按比例计算就是：如果每天工作八个小时，一周工作五天，那么成为一个领域的专家至少需要五年。

越是成功的人，对自己的要求也越高。冬奥冠军谷爱凌永远第一个去训练场，最后一个走，白天给杂志拍照，晚上还要去健身房。

我一个朋友，没有什么特长，没有正式工作。后来抖音出来后，三年时间，他专门研究抖音的投流规则，靠卖一个小产品，赚了上千万。

真正自律的人，不一定都是自觉的，很多人都是被逼出来的。苏炳添说，如果训练时教练让自己跑 4 组 100 米，自己只跑 3 组就会浑身不舒服。"我个子不高，100 米要比别人多跑七步"，坦然承认自己"天赋不佳"的苏炳添，在反复考虑后终究打消了退役的念头，继续在赛场上挥汗如雨。他没有回避自己的劣势，反而决心靠技术补救软肋。为此，他必须放弃习惯改用左脚起跑，通过持之以恒的科学训练实现突破。

枯燥单调的规律作息，他足足坚持了十七年。

他能成功绝非偶然，而是他用高级欲望代替了普通欲望，最终养成了习惯而已。

当你变得强大时，才会发现身边都是好人

即使你是名校毕业，家庭背景极好，如果内心不够强大，遇到一点挫折就打退堂鼓，那么，你也不会有什么成就。所谓强大，是任何事物都无法破坏你内心的平和。如果我足够强大，无论他们怎样说我，理不理我，我皱一下眉头，都算我输。

当莫言开始写作时，很多人对他并不看好，甚至当面嘲笑他。后来，他凭借《红高粱》震惊文坛，每次行业聚会，很多人围在他身边，要么称赞他的写作技巧，要么称赞他的故事讲述能力。

沈从文也有类似的经历，他刚开始写作时，给《晨报副刊》投稿，主编将他的稿件用糨糊粘在一起，全部扔进废纸篓，并嘲笑说："大家看看，这就是沈大作家的作品。"

几年后，沈从文的作品越来越出色，他还被聘为国立青岛大学的讲师，这时，曾经嘲笑他的人都非常客气地对待他。

当你变得强大时，你会发现身边大多是好人。

项羽打仗没得说，他服谁？但是战胜不了自己的"色关"，最后落得个寂寞。曹操一辈子多次死里逃生，被诸葛亮算计，被周瑜算计，但曹操依然爱笑。他善用"笑"，无论是赤壁之败还是火烧濮阳的时候依然谈笑风生。就连在败走华容道时，身处险境，竟然也大笑三次。你打败了我，我一笑而过。内心是何等强大。

无论遇到什么困难，或者自己做了多么愚蠢的事情，曹操都不会放在心上，都能付之一笑。

所以，最后三国归晋。

不喜欢你的人你变得再漂亮，穿得再华丽，他还是不喜欢你。看不起你的人你变得再优秀还是看不起你。你并没有别人口中所说的差劲，你不通八国语言，也不美若天仙，但你有一颗热爱生活的心，你的世界不需要别人的指指点点。你需要的，只是内心强大而已。

爱管闲事的毛病要改改了

人为什么会把自己搞得那么累,就是因为你背负了很多别人的命运。你以为你能背负得住,管得了,其实是你的自恋。

单位的同事老张,在单位里给老板开了十多年的车,驾驶技术好,在小区里大家都叫他"老把式"。最近,老板去广州,他难得清闲,牵着心爱的小狗在小区遛狗。

遛到停车场,老张看到有一辆小车在停车位上来回折腾。老张看了一会儿就笑了,这是辆新车,驾驶座上的姑娘二十来岁,正在忽左忽右地转动着方向盘,想把车子开出来,但小区车位紧张,前后都停着车,路又窄,怎么也开不出来,急得姑娘满头大汗。

老张是个热心人,他把小狗拴在路边的树上,走上前拍了拍车窗说:"姑娘,别瞎折腾了,我是老把式,我帮你,保证三把就能把车开出来。"

姑娘连声说:"谢谢师傅。"随后麻利地下了车。老张坐进车里,踩离合器,挂挡,转方向盘,再松离合器,这几乎是一气呵成,老张由于得意,更因为喝了酒,一时大意,只听"砰"的一声响,姑娘的车撞到了旁边的车子。

姑娘一看车撞得瘪进去一大块,脸一下就沉下来了,又见老张脸色通红,"啊"一声惊叫:"你喝了酒还开车?"随即拨打了报警电话。

交警赶到现场后,对老张进行了酒精测试。这一测,不得了啦,老张每百毫升血液中的酒精含量达到 160 毫升,涉嫌危险驾驶。结果,老张被吊销了驾驶证。

老张事后去找姑娘理论,可姑娘却说:"我很感谢你,但我不知道你已经喝过酒了。撞到别人的车是因为你酒后驾驶造成的,是你个人过错,与我无关,应该由你自个儿赔偿。而且你把我刚买的新车撞坏了,修理费需要花好几千元,这个损失也应赔给我。"

老张后悔不已。

乐于助人是优秀的品质,但是要量力而行,更不能害了别人。你如果不能控制自己爱管闲事的习惯,那么,你自己可能背负重担。克制自己爱管闲事的欲望,你才会一身轻松。

哪怕亲密的夫妻二人,也不要过度干涉。成年人顶级的自律,莫过于停止纠正别人的欲望。成年人只能筛选,不能教育。收起自己改造他人的执着,人教人,教不会;事教人,一次成。

心理学中的供养者思维

心理学上有个专业词语叫"区分",哪些是自己的事,哪些是别人的事,哪些是老天的事。有的人没有边界,没有立场,整个生活一团糟。操着老天的心,操着别人的心,然后抱怨自己,把自己变成受害者。真正厉害的区分是什么呢?我把你的命运还给你,以平常心应无常事。

一档情感节目。夫妻二人闹矛盾,丈夫抱怨妻子不理解自己。他说,自己努力工作,开好几个店,照顾妹妹、弟弟,给了多少多少帮助,照顾家,给妻子好的生活,对朋友很仗义,妻子还要跟他闹,身边连个理解、体谅他的人都没有。说着说着开始痛哭流涕。

一个好人被逼成这样,好委屈啊,好感人啊。

但是,他真的值得可怜吗?

真正的情感是双方互相的付出和回馈,并不是一厢情愿的自我牺牲。你以为你感动了全世界，其实你只是感动了自己。

心理学上有一个说法，弱者总是习惯拿出自己所有的能力去供养亲人或陌生人，用钱、用精神和情绪去讨好别人。这就是典型的供养者思维。

供养者思维会影响你自身，即使你赚了很多钱，事业很成功，也很难长久。供养者思维会影响你的团队，让你这个人没有办法发展。具有供养者思维的人，大家都会说你是个好人，但这其实是你对自己的一种剥削。

真正厉害的人，都摒弃了这种供养者思维，变成了合作思维，互助思维。你给我什么，我给你什么；我不坑你，你也别坑我。很多成功的人甚至是"海王思维"，他不会用道德框架去框住自己，不会自己害自己。

一个人，别瞎大方，别瞎干。时间久了，大家会觉得，你做的一切都是应该的，即使有一天你撑不住，哭了累了，也没人心疼你。过度的付出，只会成为你沉重的枷锁，被供养的那些不断索取的人一无所觉。

人与人之间，都存在一个能量场。凡是差的关系，都在彼此消耗，让你变得暴躁、消极、卑微；凡是好的关系，都在彼此滋养，让你变得平和、积极、自信。常言道，择善而交。余生，远离消耗你的人，多靠近滋养你的人。

如果你实在不能摆脱这种供养者思维，就请记住两点：

1. 我们供养的是一种关系，不是一个人

人与人之间的任何关系，究其本质，都是互助，我用我手里的资源，换取你手里的资源，互利互助。

如果你觉得你是一个人的供养者，那么你等于是对方的奴隶，你的投入必须要得到对方的肯定，才算开始。如果对方不肯定你，那就是白扔。甚至比白扔还惨，扔水里还能听个响，扔对方身上没准还多结一个仇。

2. 供养的边界要清楚，要在能力范围之内

说一个很典型的供养关系，我和我的儿子。我生了他，包括物质抚养和精神陪伴，我必须是有边界的。哪怕他再可爱，我也不可能放弃自己的工作，不断地满足他的所有欲望。

强者和弱者的三个临界点

"人,要安静地优秀,悄无声息地坚强,这个世界只敬畏强者。"

诚然如此。

弱者,总在躁动不安;强者,总是稳重笃定。

一个人,是弱者还是强者,看这三点就够了。

一、会不会混淆事实和观点

成功人士互相沟通一般只讲事实,因为你去讲观点的效率太低,而且不解决问题。举个例子,比如你说这杯水的温度是44℃,这个就是你在阐述一个客观事实。因为44℃这是一个可以被论证的数据。你说这杯水好烫啊,这个就叫观点。因为只是你主观上认为44℃的水是烫的,有人就觉得这个温度刚好，有人可能还会觉得凉。

所以如果你去和别人争论这杯水是烫的还是温的还是凉的，永远没有结果。因为每一个人的判断标准不一样，所以当我们讨论事情、讨论人的时候，不应该是我喜欢这个事情，我不喜欢那个事情，我喜欢这个人，我不喜欢那个人，因为这些都是你的主观判断，讨论没有任何意义。

你应该去想的是，做这件事情有什么利弊？如果不做这件事情的话，我能不能达成自己的目的？这个人他做成过哪些事情？这个人身上有没有什么可以互相交换的价值。

二、敢不敢示弱

民国时期，26岁的沈从文，已然是文坛备受瞩目的新星。他有一次受邀到大学里讲课，许多学生慕名而来，挤满了整个教室。沈从文刚走上讲台，就被当时的场面给吓到了，他愣是在台上呆呆地站了十多分钟，一句话也说不出来。等他缓过神来，只好一面低着头讲课，一面在黑板上抄写提纲。原本预备讲一个小时的课程，不到十分钟就全部讲完了。

底下的学生，开始有些躁动，台下小声地议论着。

这时候，沈从文拿起一支粉笔，转身在黑板上写了一句话："今天是我第一次上课，人很多，我害怕了。"

看着这句话，台下的学生都站了起来，并报以理解和鼓励的掌声。

真正的强者都会示弱，反而是弱者才喜欢逞强。真正厉害的人，往往不动声色，善于示弱守拙。一个人如果有足够的安全感，可以将自己柔软的部分向别人敞开，相信别人，相信自己，能够与别人产生共鸣，从而与人很好地建立起爱的、有意义的关系，让自己情感丰富而不再孤独无助。

三、绝对理性的第三视角

比如你吵架的时候，你满脑子想的是"我应该怎么吵才能够赢""下一句话，应该怎么怼他呢？"这就陷入了第一视角，就像沉迷在一个剧中的演员。第三视角就是让你切换到导演的视角，从局外人的角度去审视分析："为什么要吵架""我吵赢的话，目的是什么？""那我如果不吵的话，我能不能达成这个目的"。这个就是更全面、更理性、维度更高的视角。

第三章

是非对错有时
只是角度和立场问题

一家公司，员工迟到了，这就违反了公司的考勤制度，所有的人都认为错在迟到的员工，没人关心其昨天晚上是否在加班；如果迟到的是老板呢？多数人会觉得老板一定是昨晚忙得太晚，或是有其他公事耽误了。

很多事情其实没有标准答案。成年人的世界，要更关注情绪、角度和立场。

谁的损失大，就是谁的错

生活中，经常会听到有人说谁如何如何对，谁如何如何错，那这个对错的标准又是什么呢？其实世界上本没有什么对与错，只是成年人已经建立起自己的一套是非观念。如果说非要分出个对错，那么心理学中有一个理论可以给我们借鉴，那就是："判断一件事是谁的错"的标准，是"谁的损失大，就是谁的错。"

什么意思？

比如，听了一个所谓的投资大师的理财课，结果我赔了很多钱？

谁的错？我的错。

啊？明明是他骗了我，为什么是我的错呢？

难道我不应该要求他道歉吗？

我可以要求他道歉。但是，道歉有什么用？

而且，我要求他道歉，钱就回来了？不需要花时间吗？

他耍无赖和我吵起来，不更需要花时间吗？我的时间没地方花了吗？

我不光损失了金钱，还浪费了时间，同时还把自己的心情搞糟糕了。

怎么办？

以后小心就是了。然后，心平气和地该干吗干吗。

因为，我的时间很值钱，我的健康很重要，我有更多的事情要做。

这就是"谁的损失大，就是谁的错"。

在工作中，你可能会遇到与同事意见不合的情况。这时，你们可能会争论不休，试图证明自己的观点是正确的。然而，在这个过程中，你们可能会浪费大量的时间和精力，导致工作效率降低。在这种情况下，即使你最终证明了自己的观点是正确的，但由于你损失了更多的时间，所以你的损失仍然比对方更大。因此，从"谁的损失大，就是谁的错"的角度来看，你应该避免无谓的争论，以减少不必要的损失。

假设你和朋友约好一起去看电影，但朋友迟到了半个小时。这时，你可能会觉得朋友不对，因为他没有遵守约定。然而，如果你选择继续等待，那么你可能会错过电影的精彩部分，甚至可能错过整个电影。在这种情况下，你的损失显然比朋友更大。因此，可能是你哪个地方做错了。

判断损失发生后应该怪谁,就看谁因此损失大。如果自己损失大,那就从自己身上找原因,改变别人很难,还是改变自己相对可控。

阿德勒课题分离理论

阿德勒心理学中非常核心的一个理论,叫作"课题分离"。

阿德勒认为,人际关系的一切矛盾,都起因于对别人的课题妄加干涉,或者自己的课题被别人妄加干涉。只要能够进行课题分离,人际关系就会发生巨大改变。

比如别人对你提出要求,你的课题是判断要不要接受他的要求,只需要就事论事做出你想做的回应就好。至于他怎么来处理你的回应,他会不会感到失望,会不会认为你太不近人情,那是他的课题了。

比如你是一个家族企业老板的儿子,是父母指定的继承人,你却选了图书管理员的工作,对家族企业的继承丝毫不感兴趣,你的父母为此大发雷霆,甚至以与你断绝亲子关系要挟你,说如果你不回来,就永远不要回来了。

作为儿子,你该如何克服这种"不认可"的感情呢?用"课题分离"的视角来看，要不要发脾气？要不要断绝关系？根本不是你的课题，而是你父母的课题。而你根本不需要在意。

在《自我发展心理学》一书中，有个父亲听到"课题分离"的讲座，就非常不解地问："如果说爸爸的事是爸爸的事，儿子的事是儿子的事，那是不是说我儿子有困难，我就不用去帮他了？这样是不是太自私了？"

作者说："如果你帮助儿子仅仅出于做爸爸的义务，是被迫的，你可以不用去帮他，因为这毕竟是他自己的事。"然后又接着说："很多时候，就算没有爸爸这个身份，没有这个义务，我们仍然愿意去帮助儿子的。"

那么，怎么来分辨这是谁的课题呢？阿德勒认为，只需要考虑一下"某种选择带来的结果最终要由谁来承担"就可以，谁来承担这个结果，那就是谁的课题，谁就有这件事的选择权和决定权。

越聪明的人，越会允许自己出错

现实生活中，每当出现错误时，人们通常的反应都是："真是的，又错了，真是倒霉啊！"更有甚者，要么抓住别人的错误不放，要么抓住自己的错误不放，明明是无足轻重的小失误，却要埋怨、纠结、懊悔好几天，导致接下来的事情也做不好。

殊不知，人类即使再聪明也不可能把所有事情都做到完美无缺，正如所有的程序员都不敢保证自己在写程序时不会出现错误一样。容易犯错误是人类与生俱来的弱点，聪明的人都会允许自己犯错误。他们认为，错误的潜在价值对创造性思考具有很大的作用，若想取得成功，就不能回避错误，而是要正视错误，从错误中吸取经验教训，让错误成为走向成功的垫脚石。

一次，丹麦物理学家雅各布·博尔不小心打碎了一个花瓶，但他没有像一般人那样一味地懊悔叹惜，而是俯下身子，小心翼翼地将满地的碎片收集了起来。

出于好奇心，雅各布·博尔并没有把这些碎片倒掉，而是耐心地将其按照大小进行了分类，并称出了重量。结果他发现：10-100 克的最少，1-10 克的稍多，0.1-1 克和 0.1 克以下的最多。

令人称奇的是，这些碎片的重量之间表现为一定的倍数关系，即大块的重量是次大块重量的 16 倍，次大块的重量是小块重量的 16 倍，小块的重量是小碎片重量的 16 倍。

这一原理被称为"碎花瓶理论"，人们开始利用这个理论对一些受损的文物、陨石等不知其原貌的物体进行恢复。

从哪里跌倒，就从哪里爬起来，雅各布·博尔不小心打碎花瓶后，并没有纠结、懊悔自己的失误，而是对错误的潜在价值进行了创造性观察与思考，从中总结出规律。

事实上，人们主要是从尝试和失败中学习，而不是从正确中学习的。因此，我们做事不要怕犯错，犯错后要勇于从错误中找出教训，这才是我们走出困境的最佳药方。

凡事只要有可能出错，
就会出错

　　凡事只要有出错的可能，就一定会出错，这个定律源于20世纪40年代。当时，有一位名叫爱德华·墨菲的空军上尉工程师，在嘲笑他的某位同事是个倒霉蛋时，说了这么一句话："如果一件事情有可能被弄糟，让他去做就一定会弄糟。"

　　就算人类变得很聪明，不幸的事还是会发生，因为容易犯错是人类与生俱来的弱点，这是不可避免的。

　　1949年，爱德华·墨菲和他的上司斯塔普少校参加美国空军进行的MX981火箭减速超重实验。这个实验的目的是测定人类对加速度的承受极限。其中有一个实验项目是将16个火箭加速度计悬空装置在受试者上方，当时有两种方法可以将加速度计固定在支架上。但不可思议的是，竟然有人有条不紊地将16个加速度计全部装在错误的位置上。

　　于是爱德华·墨菲作了这一著名的论断：如果做某项工作

有多种方法，而其中有一种方法将导致事故，那么一定有人会按这种方法去做。

如果坏事有可能发生，不管这种可能性有多小，它总会发生，并造成最大可能的破坏。墨菲定律并不是一种强调人为错误的概率性定律，而是阐述了一种偶然中的必然性。

它警示管理者保持谨慎乐观，而不是盲目乐观。

第一，心理上不能忽视小概率事件；

第二，行动上做最好的计划，做最坏的打算。

"错误"也是这个世界的一部分，狂妄自大只会使我们自讨苦吃。针对已知的风险和未知的风险，做好风险管理。

你不愿意相信的，
往往就是事情真相

一位哲学家在课堂上拿出了一个苹果，问自己的学生："这个苹果是我刚刚从果园里摘的，大家闻闻有没有香味？"哲学家拿着苹果走到第一位学生的面前，这位学生毫不犹豫地说："闻到了。"然后，哲学家又依次走到每一位同学面前，让他们去闻苹果的味道，最后，绝大多数的同学会回答说闻到了苹果的香味，只有三位同学在犹豫。他们可能在想："老师都说是从果园里摘来的苹果，而且大家都闻到了苹果的香味，那么就一定不会错的，说不定，是自己鼻子不灵了，突然没闻到而已。"

之后，哲学家告诉学生："其实，这个苹果什么味道也没有，因为它根本就是一个假苹果。"大家纷纷表示不相信，这怎么可能呢？哲学家把苹果拿给学生，让他们仔细看一看，学生这才发现原来这个苹果真的是假的，它竟然是用蜡做成的。可是，

第三章
是非对错有时只是角度和立场问题

学生们依然不肯相信，自己刚才明明闻到了味道。

哲学家一开始说这是一个他刚从果园摘的苹果，而且第一位同学又说闻到了苹果的香味，所以，大家在潜意识中就已经认定这个"苹果"是有香味的。尽管后来哲学家告诉学生这个苹果是假的，并且学生还进行了验证，可他们依然难以相信被验证了的事实。

有人说林肯总统家里的农场有一个看上去非常巨大的石头，于是大家便口口相传，真的认为是这样的，就算有人突然冒出来说他自己亲自测量过只有一尺高，也是没有人愿意相信的。在现实生活中，有着许许多多这样的事例，人们只愿意去相信自己所认为的，就算发现事实并非如此，也不愿意去相信真相。

如果有人突然跑到你面前告诉你土豆曾经是禁果，你一定会说："这怎么可能呢？"土豆在我们生活中是一种特别常见的蔬菜，它物美价廉，人们自然不会相信它是禁果，可事实上，有一段时间人们认为它会危害健康，一直都不敢食用。

世界上许多东西远远超出了我们的想象，放弃头脑中固有的偏见，才容易获得非凡的见识，并进行公正的判断。因此，永远保持好奇心与包容的胸襟，就能不断增长知识。

第四章
即使所有人都不看好你，你也要像鸟一样飞向你的山

04

列举出一个没有敌人的伟人，很难。不过，我们可以列举出无数个缺乏自信、勇气和个性，把自己湮没在芸芸众生中的随波逐流的人。有一个避免批评的办法——什么都不做。别人想奴役你的时候，总是劝你安于现状，比如做一个街道清洁工，或者甘于做一个普通雇员，忘掉你的所有野心。这个办法一直很奏效。

　　其实，不逼自己一次，你都不知道自己有多强。

"父母扭蛋"论

日本近年出现不少网络潮语,其中"父母扭蛋"在社交平台上引起了很大的反响,日本年轻人纷纷使用这个潮语表达对父母和现实的不满与无奈。

"扭蛋"就像我们平时说的盲盒一样,商家事先就把小玩具放入半透明球形塑料壳中,消费者投币后,从机器中随机获得属于自己的扭蛋。具体抽到什么,全凭运气,这个过程充满了赌博和运气的成分,抽得好是幸运,抽得不好是倒霉。

其实就是指出生在什么家庭、拥有怎样的父母都是不能自己选择的,就如扭蛋一样全凭运气。

这个在现实中很常见。大学的时候,有的同学刚毕业就被父母安排进了自家的企业当经理,别人的起点就是我们的终点。

现实往往就是这么残酷,自己读了十几年书,不如有个富爸爸。哪怕是名校毕业,毕业后你会发现,和同学的差距非常之大。当你发现你的终点可能是别人的起点的时候,该怎么办?

这里我要说的是,没有背景怕什么,没有靠山怕什么,自己的命运自己掌握。

别人几代人的努力,你凭什么一代就赶上呢?所以,你要努力往上走,至少给自己的后代搭一个平台。

这几年突然爆火的抖音和快手等短视频平台,成就了一个又一个"草根"。俊杰和江涛都来自贫困的家庭,而且是一个班的。两人毕业后相约来到杭州找工作。现在的市场情况,好工作不好找,所以俊杰跑遍了人才市场,面试了不下20家公司,但还是没有大公司愿意向他这个实习生抛出橄榄枝。再看江涛,也是走了好几个人才市场依然收获寥寥。这天晚上回家,江涛偶然打开抖音,心血来潮拍了个吐槽工作不好找的视频,没想到一下评论过万,大家纷纷在他的视频下议论起来。

江涛一看,这着实有趣,于是接下来的几天里,一边找工作,一边拍视频吐槽,一来二去,不出半月工夫竟然就有了十几万粉丝。工作还没找到,广告商先找来了,一个广告推荐给江涛提成3万。我的天!江涛自己都吓了一跳。

接下来的日子,江涛仿佛打开了新天地,他及时调整定位,以一个小城镇少年努力留在大城市,并向粉丝们介绍在大城市的"生存法则"为初衷,迅速成为网络红人。不到一年的时间,他有了自己的工作团队,摇身一变成了创一代,买了车,置了房,还把爸妈接到了身边。

第四章
即使所有人都不看好你，你也要像鸟一样飞向你的山

再看俊杰呢，稀稀拉拉干了辞，辞了找，混不出名堂，不到一年就回老家了。

现实生活中，赢是暂时的，今天赢了并不等于明天还会赢。唯有锲而不舍，敢于打拼，不断进取，才能永立不败之地。输也不是不能改变的，只要认真吸取教训，不"怨叹"，不"胆寒"，振作起来，再努力去打拼，输是会转化为赢的。

一切从你想得到什么开始

你想,你就能,关键是你有多想,会不会为了这个抛弃一切。没有什么能阻挡一个愿意赌上一切的人。

安逸庸碌的生活,常常会杀死我们内心的梦想。甚至我们毫不知情,无从察觉。失去了人生旅途中最重要的行李却不自知,你想想该有多可怕。

现在我们需要一个观念革新:别让自己瞎忙。这是因为,如果我们习惯于忙碌,就可能忘记了一件最重要的事——工作价值判断。

你必须让自己得到些什么,大胆地得到。不要在意"他们"怎么说,因为"他们"不是你。

在亨利·福特还是个没受过教育的穷小子时,他就梦想着有一辆"不用马拉的车"。他没有等待机会垂青于他,而是利用手头的工具开始制作。现在,他梦想的产物遍布了整个地球。

他比任何人都更想要自己想得到的东西，他不害怕为自己的梦想下赌注。

"最伟大的成就最初一度只是梦想。橡树沉睡在果壳里；小鸟在蛋中等待；在灵魂最深的梦境中，一个天使正在苏醒。梦想是现实的种子。"

马斯洛说："人是一种有梦想的动物。"梦想，我们可以理解为最高级的精神需求，即自我实现。一个没有梦想的人，一生都在流浪。醒来，起身，向世界宣告，你是一个梦想家。你的运势不错。

这个世界充满了机会，从前的梦想家不曾拥有的机会。

别人的起点
就是我们的终点，怎么拼

在离某大学的校门口 50 米的一个不起眼的角落，有一个鞋摊。补鞋的是个温文尔雅的大姑娘。

有一天，一名高傲的大学生到修鞋摊上补鞋，大学生怜香惜玉地说："一个大姑娘给人修鞋不怕人看不起吗？"

姑娘反唇相讥："一个大学生穿着破鞋不怕人看不起吗？"

"你以后打算干什么？"

"当老板。"

"你没有钱怎么当老板？"

"我这不正在挣钱吗？"

后来，这位姑娘成了一个上市公司的董事长。

曾经跟一位广东的亿万富翁聊天，他说："我们广东人不想给人打工，只有当老板的野心和对成功的欲望。你可以留意一下，即使是菜市场上卖菜的年轻人，也从未把自己看作是一个谋生活的小贩。他们认为自己是在经商，是在做经理，他们甚至有名片。"

想过富有的生活，要先有富有的思想，有想成功的欲望。富人的口头禅不是"让我干，我就干""让我干什么，我就干什么，给我发工资就行。"富人的口头禅是"我要干！"这就是区别。

即使所有人都不看好你，
你也要像鸟一样飞向你的山

　　一个输了的人，如果继续努力，并打算赢回来，那么他今天就不是真输，而只是"这次没有赢"。相反地，如果他失去了再战斗的勇气，那他就是真输了！

　　如果你去参观开罗博物馆，在二层，你会看到很多灿烂夺目的宝藏：黄金、珍贵的珠宝、饰品、大理石容器、战车、象牙和黄金棺木。巧夺天工的工艺曾经让整个世界感到惊奇。

　　但是你可知道，如果不是考古学家霍华德·卡特决定再多挖一天，这些宝贝还躺在地下睡觉呢。

　　让我们把时间回溯到1922年的冬天，那个冬天非常寒冷。加上这个冬天，他们已经挖掘整整七季了，他们又忍饥挨饿地工作了好几个月，但发掘工作没有取得任何进展。卡特几乎放弃了可以找到年轻法老坟墓的希望。"我们几乎已经认定自己被打败了，正准备离开山谷到别的地方去碰碰运气。然而，要

第四章
即使所有人都不看好你,你也要像乌一样飞向你的山

不是最后一锤的努力,我们永远也不会发现这远超出我们梦想所及的宝藏。"霍华德·卡特后来在他的自传中说。

现实生活中,很多人经常在做了99%的努力后,放弃了最后让事情发生质变的1%,不但白费了开始的所有努力,更丧失了成功的机会。

举重冠军詹姆斯·柯伯特说:"再奋斗一回,你就成了冠军。事情越来越艰难,但你仍需再努把力。"

一个人要想实现目标,就必须具有长期作战的心理准备。通常,有80%的时间我们是不断朝目标努力的。在这一过程中,我们可能会遭受很多次严重的打击,这时,千万要坚强地重新站起来;否则,以前付出的种种努力都将付之东流。

乔布斯说,你的理想所需的素材就是一个个庸常而枯燥的努力。

乔布斯在演讲中,介绍了他的退学经历、学习书法的经历。"要不是退了学,我决不会碰巧选了这门书法课,个人电脑也可能不会有现在这些漂亮的版式了。当然,我在大学里不可能从这一点上看到它与将来的关系。十年之后再回头看,两者之间关系就非常、非常清楚了。你们同样不可能从现在这个点上看到将来;只有回头看时,才会发现它们之间的关系。所以你必须相信,那些点点滴滴,会在你未来的生命里,以某种方式串联起来。"

第五章

圈子不是单纯地吃吃喝喝，
每一个资源都是经营而来

人都有"惰性、怯性"，都习惯于待在一个"舒适区"里，而疏于主动结交朋友，也少主动与朋友们联系。每个人都渴望扩大社交圈，却吝于"先给予、先付出、先主动"伸出友谊之手。还有的人，"遇到领导好想逃跑啊""能用微信解决的事绝不打电话""不想说话""不想谈薪水""我这样麻烦别人，人家肯定会烦的""对方应该先开口和我说话""我的整个人生，都很安静啊""坐等表白"。其实，不主动张口，不主动亲近，不主动关怀，不主动结交，只等待"别人来发掘我的优点"，那么，你的人际关系就很难突破！被动的社交就像拉着手刹开车。

社会交往中，我们在内心深处都渴望着和高价值的人交朋友，至少也是旗鼓相当的，长期来看肯定会达到平等相交的纳什均衡。

向上社交

很多人不敢与权威人士打交道,那么你实际上就错过了很多机会。见了领导总想绕道走,甚至想地上有个大的地洞该多好,可以钻进去。

事实上,主动和别人打招呼是大部分领导者共有的特征。如果你有机会参加大规模的会议,不妨仔细观察那些游走会场,到处向人打招呼,到处向陌生人自我介绍的人,他们都是举足轻重的人物。

那些会走到你面前说"我是××,请多指教"的人,都是现在或未来的大人物。你仔细思量、细心观察,将会发现他们之所以成功,就是因为他们愿意主动并且热心地结交朋友。

心理学家这样解释这种行为:"我或许对他并不重要。但是,他对我非常重要,所以我必须主动接近他。"

17岁的时候,克林顿遇到肯尼迪总统,后来在肯尼迪总统的影响下逐渐加入美国上层的政治圈子里，后来决定从政。可是克林顿在没有加入肯尼迪总统的圈子之前，就读于音乐系，吹萨克斯管的，加入一个政治家的圈子，结果使克林顿做了8年的总统。

富豪们之所以打高尔夫，并不是一局几百元钱花了，人就可以放得更松，休得更闲，而是因为那里常常是个俱乐部，富人的俱乐部，处在那个圈子里，有更多的信息可以沟通，更多的感情可以联络。醉翁之意不在酒啊！

和比自己弱、不思进取的人混在一起，能让自己有成长吗？那些被你碾压的人，能教你多少赚钱的方法？为人处世的东西呢？可能你会觉得被别人碾压，是一种很不爽的事情，他们能俯视你，一眼看穿你，让你没有尊严！

但是，跑去比你强大50倍、100倍的人面前，跟他交流，受他碾压，然后被他一顿摧残，你才会强大，每一次被摧残，每一次遇到顶级的强者，都能让你从中获得巨大的收获。你应该庆幸，自己碰到了一个良师，能从这个人身上学到更多东西！跟比你能量高的人做朋友，跟比你能量低的人做生意！想要成长，就要往上看，走出舒适区。

你要想成长，就必须要找到比你更强大的人，被他们碾压，被他们击碎，重新再黏合在一起之后，你就完成了一次重生！

人生的三种相处境界是向上社交、向下兼容、向内安放。

向上社交大致要经历以下三个步骤：

1. 筛选

把与自己的生活范围有直接关系和间接关系的人记在一个本子上，把没有什么关系的记在另一个本子上，这就像是打扑克中的"埋底牌"，把有用的留在手上，把不思进取的埋下去。

2. 排队

要对自己的资源进行分析，列出哪些资源是最重要的，哪些资源是比较重要的，哪些资源是次要的。这就像打扑克中的"理牌"一样，明白自己手里有几张主牌，几张副牌，哪些牌最有力量，可以用来夺分保底，哪些牌只可以用来应付场面。

3. 对关系进行分类

去参与一切可能会拓展圈子、提升平台的活动，去发现一切可能会发展向上社交的机会。可能是日常的工作场合、团建活动；可能是一次深造培训、一顿工作餐；可能是普通的人情往来、同城的读书会、球类俱乐部……

人脉的本质是
给予价值、平等交换

　　人与人的关系分为强关系和弱关系。通常,我们认为熟人、发小、亲戚是强关系。这是一种误解。熟人,或者像"死党"那样的友情,更多时候,这种关系并不需要刻意花时间去维护。这种其实是人际关系中的一种弱关系。你们没有共同的利益,也就是一起吃吃喝喝、打打游戏。当你真正有事的时候,他未必会站出来。

　　前段时间,一位朋友向我吐槽,说最近他遇到一个困难,请公司一起共事了多年的同事帮忙都不愿意,而且平时他经常请这位老同事吃饭,还帮了他不少忙,现在自己遇到困难了,想请对方帮忙,没想到竟然遭到如此冷漠的拒绝。

　　当时,这位朋友虽然感到心寒,但并没有责怪自己的老同事,反而责怪自己看错了人,没想到自己在老同事心中一点地位都没有。

第五章
圈子不是单纯地吃吃喝喝，每一个资源都是经营而来

朋友把他与同事的关系定义为强关系，其实并不强。在公司，人家给你办事或者不给你办事，都不影响人家的生活和工作，甚至觉得你这个朋友也可有可无。你没有给予对方价值，或者你没有可以交换的筹码。

在职场，你可以把平时关系好、熟悉的人当成朋友，但你有困难时，别人是否愿意帮忙，并不是由你决定的。

事实上，除了你的家人，你所认识的朋友大部分都不会和你一起经历风雨，哪怕你对对方掏心掏肺，对方同样可以在你遇到困难，需要帮忙时，选择不帮。不是朋友不好，而是各有各的难处。

真正厉害的人，对强关系的定义是，互惠的关系。

入职五年多，月薪六千多的门卫大爷突然说不想干了。老板有些着急，急忙询问情况。大爷说公司的文员对他不尊重，一会让他送快递，一会让他买奶茶，还说他是个老家伙。大爷说待在这家公司太受气，换家公司去当门卫。老板急忙把文员叫过来给门卫大爷道歉，还表示要把文员辞退。大爷闻言，这才答应不走了。文员不服气，平时他和老板性格很投机，经常一起陪客户"嗨"到很晚，关系很不错。他私底下问老板，你怎么为了一个老头把我辞了。老板说，大爷有个儿子，是我多年的大客户公司负责采购的主任，今年的招投标还靠他呢。

看，文员与老板的关系就是弱关系，老板与大爷的关系就是强关系。

认识好兄长，比苦干十年强

在韩国有这样一个小伙子：他曾受到过良好的教育，但家境贫寒。在他20多岁的时候，他遇到了人生第一次重要的选择。当时他可以选择去美国当外交官，也可以选择去印度。去美国自然是风光无限，但是消费水平高，他需要挣钱补贴家用，所以他选择去了发展中的印度。

虽然目的地不是太称心，但这个小伙子到任后很快以自己的才气，引起了韩国驻印度总领事卢信永的注意，他发现这个小伙子谈吐不俗，思维缜密，办事沉稳，很多棘手的问题到了他手里都会迎刃而解。

卢信永非常看好这个小伙子，并牢牢地把他记在自己的脑海里。当然，在这个过程中，小伙子也意识到了一个问题：卢信永表面冷漠，内心热情，更可贵的是他有极其丰富的外交经验，并乐于向自己传授。

第五章
圈子不是单纯地吃吃喝喝，每一个资源都是经营而来

所以，这个小伙子更加谦虚地向卢信永取经，也更加卖力气地四处奔波，把领事馆的各项事务打理得井井有条。后来，卢信永担任了韩国总理，他首先想到的是十几年前在印度一起共事过的那个小伙子，立即把他推荐到了总理府工作，后来更破格提拔他担任了总理礼宾秘书、理事官。

小伙子的职务像坐了直升机一样，以至于他不得不为自己跑得太快而向自己的前辈、亲友和同事写信道歉："我晋升太快，很抱歉！"不过道歉归道歉，他依然继续高升，虽然也经历了一些坎坷，但他最后坐上了联合国秘书长的位子，他就是——潘基文。

上面的案例中，卢信永就是潘基文一生中的贵人，如果没有卢信永这个伯乐，潘基文这匹千里马或许就会被埋没。但是，在这个过程中，潘基文并非被动地等待着被发现，而是靠自己的实力积极主动地去争取让贵人发现自己。

生活中，贵人有很多种，在生活上挂念你、关心你、照顾你的是你的贵人，如你的父母、妻子；在你刚刚踏上工作岗位时，给你指点迷津的，如你的亲戚朋友；在事业上扶持你、帮助你、提携你的是你的贵人，如你的同事、上司；在人生旅途上引导你、鞭策你甚至为难你的，都有可能是你的贵人，如你的榜样、对手等。

贵人无处不在，离你并不远。

以"化解"代替解决

在处置关系的各种方式中,"化解"是直指人心、最有效的,它像水一样遁于无形,比起生硬的"解决"不知高明多少倍。

春秋时期,田单辅佐齐襄王治理国家。一次,两人经过淄水,看到一位老人光着脚蹚水过河。上岸以后,老人经受不住严寒,昏倒在路边。田单急忙脱下皮衣,给老人穿上。

看到这种情形,齐襄王不满地对身边人说:"田单对老百姓施恩惠,不就是打算借此逐步夺取我的国家吗?应该时刻提防着他。"

旁边的大臣贯殊说:"大王不如顺势表扬田单,就说:'寡人忧虑百姓饥饿无食,田单收容他们,并且供养他们;寡人忧虑百姓寒冷无衣,田单脱下皮衣,给他们穿;寡人忧心百姓劳苦,而田单也忧念百姓,合于寡人的心意。'我们嘉勉田单的

第五章
圈子不是单纯地吃吃喝喝，每一个资源都是经营而来

善举，就是在表现大王对百姓的善行。"

于是，齐襄王接受了大臣的建议，立即赏赐田单，并且夸奖他的行为。周围的人看到这种情形，纷纷议论："田单爱护老百姓，原来是大王教的啊！"

从上面的故事中不难发现，齐襄王利用田单的善举与老百姓广结善缘，赢得了大家的赞誉和拥护，这是巩固自己地位的有效方法。在这里，他接受大臣的建议，没有斥责田单抢自己的风头，反而通过巧妙的领导艺术提升了自己的形象，这是把坏事变成好事的化解之道。

对比一下，"解决"和"化解"最大的区别在于，有没有融入心灵。把人和事结合起来，并且注重他人的心理感受，就是"化解"。从这个角度来看，一个人有很强的处理关系的能力，在很大程度上得益于他"化解"的水平。把常人看来棘手的问题轻松解决掉，这就是本事。

以化解代替解决，能帮助你轻松走出僵局，让眼前的困境大有改观。在操作过程中，除了要具备处置问题的能力和手段之外，还要特别重视化解的后果，要尽量减少后遗症。显然，按下葫芦又浮起瓢，不是我们的期望。为此，在决策的时候深思熟虑是很有必要的。

出现僵局，必然是各个关系主体的矛盾集中爆发了，这时候你需要听取各方的意见和建议。比如，对老板来说，任何一句话都会得到员工的重视，但是很多意见往往不成熟，不具备

可操作性，甚至漏洞百出。反过来，遇到问题的时候，先听听下属的反馈，不但让对方得到被尊重的感觉，更能找到解决问题的良方。

帮你的还会帮你，坑你的还会再坑你一次

1942年3月，希特勒下令搜捕德国所有的犹太人，68岁的贾迪·波德默召集全家商讨对策，最后想出一个没有办法的办法，向德国的非犹太人求助，争取他们的保护。

办法定下来之后，接下来是选择求生的对象。两个儿子认为，应该向银行家金·奥尼尔求助，因为他是在波德默家族的资助下发家的。在不同的场合，他也曾多次表示，如果有什么需要帮助的，尽管找他。

68岁的老人却不同意这种意见，他认为应该向拉尔夫·本内特求助，他是一位木材商人，波德默家族的人是跟本内特打工起家的，后来经过本内特的资助，波德默才有了今天的家业。现在虽然很少往来，但心理上从没断绝过感激和思念。

最后，老人说，你们还是去求助拉尔夫·本内特先生吧！虽然我们欠他的很多。

结果是，两个儿子分别去找了银行家和木材商人，银行家出卖了大儿子，小儿子在木材商人的安排下顺利逃生。

老大找的人，受过父亲的恩惠，出于感激和报恩，应该给老大提供帮助；老二找到的，是一个已经帮过父亲的人，其实并没有再帮他的义务。这么说来，老大获得帮助的机会比较大。

但事实正好相反，那个帮助过他们的人再次对老二伸出了援手；那个受过帮助、应该报恩的人，却无情地出卖了老大。

为什么会出现这样的状况？

一是帮助你的人本性善良，多半爱帮助别人。坑你的人本就人品有问题，你即使原谅了他，但本性难移，你觉得他变好了，这次肯定不一样，对他寄予厚望，但你多半会失望的。

二是心理上的问题。心理学上有一个理论叫作认知失调理论，说：当你持有两种对立矛盾的认知时，你会因为这种不一致而产生紧张的不适感，同时会通过改变其中一种认知的方法来消除这种不适感，并且你会选择改变相对容易改变的那一种认知。

比如，如果有一个人曾经帮助过你，那他内心已经产生了这样一个认知："我喜欢帮助别人，我就是这样一个人"或"我很喜欢被我帮助的人，所以我帮助他"。在他的内心已经建立好了这么一个形象，一个非常稳定的心理认知，那么接下来他的行为会符合他的认知。如果不符合，他会有强烈的不适感，他会调整他的行为或认知。

有些人虽然表面完美,但你还是能隐隐感觉到不对劲。实在没有足够的判断力,那就相信概率吧。一个人再三再四坑你或者别人,那就没必要一次又一次给他机会。

如何吸引别人主动帮助你

我的一个朋友，现在很成功，在文化界大小也算个名人。每次一起吃饭，总会说起他那引以为豪的"北漂"经历。

刚来北京的时候，举目无亲。早上6点多，他出了北京火车站，自己找地方，面试，参加招聘会。

那年的中秋节，他回了老家，等再离开老家的时候，当汽车开动的那一刻，泪如雨下，他已经体会了身处异地的艰难。

回到北京，他感觉自己就像汪洋大海中的一叶小舟一样，漂泊着，迷茫着，不过很快在一个网上认识的朋友的帮助下，找到了第一份工作，虽然工资不高，但是足够先站稳脚跟的。工作地点在通州，认识的人有限。紧接着第二份工作也是别人帮他找的，素昧平生，虽然人家一直称是举手之劳，对他而言却是无法忘怀的转折点，使他开始真正走进了新媒体行业。他开始认识很多人，网上的，现实生活中的，各种各样的人，来自五湖四海的人。

这位文化界的朋友,一定有他的个人魅力。

你想啊,如果一个人出身平凡家庭,没有背景,毕业于普通大学,别人觉得你没有前途,平时不来往,连一根烟的交情也没有,在金钱和能力的积累上,你才刚刚上路。你很年轻,你渴望成功,那么,别人凭什么要帮你呢?

心理学家黄光国将人际关系划分为工具性关系、混合性关系、情感性关系三类。典型的工具性关系是陌生人关系,在交往中遵循"公平法则"——"合则来,不合则去";典型的混合性关系是熟人关系,在交往中遵循"人情法则"——"有恩报恩";典型的情感性关系是家庭关系或者亲友关系,在交往中遵循"需求法则"——"各尽所能,各取所需"。

如果别人不欠你人情,而你也没有多少价值,那么"别人"不帮你才是正常的。

那么,怎样让别人帮你呢?

一般来说,人们愿意帮助这样的人:自己人,这个好理解;有礼貌、积极向上、乐观与有奋斗精神的人;能够帮助的人,也就是说你要办的事不会成为别人的负担;对于自己的帮助有积极回应与正面反馈的人。

所以,在求人之前有必要弄清楚下面几个问题:

别人为什么要帮你?你首先要问自己别人凭什么帮你?你自身有什么优势?

别人完全可以不帮你，不帮你是正常的，帮你才是例外。别人之所以帮你，至少他要喜欢你。他为什么要喜欢你？因为你在他面前，能让他感到很舒服、很自在、很优越、很有成就、很自信……

让别人能不计报酬地帮助你，的确需要一些能力。例如我认识一个朋友，也是网友，来北京的时候身上只有 100 元钱，但是现在自己经营了一家饭店，过程中遇到了很多坎坷，但是有很多人伸出了援助之手，有钱的出钱，有力的出力，饭店的生意也日益红火。他具备了让别人帮助他的能力，他自己也的的确确想干事，很真诚，很踏实，所以能有今天的成绩。我也力所能及地帮助过他，因为我觉得这不是施恩，而是我应该做的，更重要的是我也愿意这样做。

不要抱怨自己怀才不遇，没有谁是天生的成功者，一切成功都来源于自己的努力，包括你有没有能力让别人帮助你。

在你无助的时候，别想有人去安慰你，首先要想的是，人家凭什么这么做？

第六章

赚钱，不只是勤奋，
还有坚持和忍耐

06

社会上有的人收入是你的十倍、百倍，难道他们的智商也是你的十倍、百倍？当然不是。同样生活在一个城市，为什么有的人月收入几千元，而有的人收入几万元、十几万元？有的人活的潇洒，似乎有花不完的钱，而有的人却抱怨社会不"温柔"？

是什么造成了这样的局面？有的人说是天赋，有的人说是经验，有的人说是运气，有的人说是遇到贵人提携，还有的人说是家庭背景。每个人的一生中都会或多或少的被赋予一些运气，红运当头时，摔个跟头都能捡到钱包。没错，运气很重要。但这不过是锦上添花，一个人能否赚钱绝不在于此。

勤奋是基础条件

一个人可能会有很多优点，比如说诚实、肯干、勤奋，但不懂得怎样建立目标和实现目标，这个人成功的速度就会很慢，或者说很难成功。

美国石油大王约翰·洛克菲勒说："趁着年轻努力工作，这是对人生负责的一种态度。但是，只知道工作的'工作狂'是实现不了财务自由的。大体上来说，工作狂在投资方面都是门外汉，也就是说，他们满足于用努力工作换来高薪，却不关心该如何有效地将高薪花出去，用钱来挣钱。因此，他们很难制定出具体的收益、支出及投资计划表。"

这个时代，不思进取靠"死"工资是不行的，更是永远不可能让你成为真正的富人。如果你还在对一笔不菲的年薪津津乐道，那就说明你还是穷人思维，方向错了，你再怎么拼命奋斗，也不会有质的飞跃。

任何人拥有的资源都是有限的,金钱、智慧、才能、精力、时间等,全力做一件事,就不能再做另一件事,当你选择一个项目时,就丧失了在其他项目上的收益。穷人之所以一辈子受穷,很大程度上是因为他们在方向问题上算错了账。

努力工作是实现"财务自由"的必要条件,但不是唯一条件。

很多人在年轻时比谁都用心工作,也获得了良好的社会评价,然而,他们由于只知道用心工作,却不知道该如何高效地活用自己挣来的钱,不知道经营自己的资源。

这样的人,只能穷一辈子。

你想几天就做得风生水起，那别人的坚持算什么

在企业家看来，钱不是罪恶，而是价值的化身，是业绩的体现，是智慧的回报。天下熙熙皆为名来，众人攘攘皆为利往。在犹太人眼中，有了钱也就有了"面子"，也就有了地位。

许多年前，在浙江温州的一个小镇上，有一个十几岁的男孩。因为家里穷，他不得不早早地承担起了家庭的重担。

但是他的内心是不甘贫穷的，他觉得他能赚到好多钱，于是他开始坐在一张矮矮的板凳上做补鞋生意。

冬天的时候，冻得僵硬的手不听使唤，时不时锋利的锥子会扎进手掌，血淌了出来，一阵阵揪心地疼。但是他不在意，他用破报纸裹住伤口，继续为客人补鞋。鞋补完了，一笔生意完成，他能挣到一毛钱。

别看只有区区一毛钱，他的内心也有抑制不住的兴奋。

几年以后，这个小补鞋匠用一角一分攒起来的钱和伙伴开

了个低压电器作坊。第一个月，他们一共赚了 35 元，他和同伴攥着赚来的钱，好久都不肯松手，生怕它跑了，最后手心沁出汗水把这些钱浸湿了。

十多年后，这位小鞋匠成了千万富翁。如今，他再也没有往日的那种畏畏缩缩，而是养成了做事大刀阔斧、大大方方的习惯。

赚钱没什么可丢人的，不赚钱无法生存，自食其力就是体面，人就应该多挣钱，多出去旅游，多见见世面，提高自身素质，别整天想着别人爱不爱你这种庸人自扰的问题。

穷人的两会：这不会，那不会。

奋斗的人两会：我要会、必须会。

很多人宁愿习惯生活的苦，却不愿受学习的苦。

面对一个陌生的领域，大多数人想的并不是如何去学习、探索，而是借口"不会"，正是一句"不会"，让自己丧失了很多的机会。

有些东西叫日积月累，你想几天就做得风生水起，那别人的坚持算什么？

愿余生我们都能不为钱而发愁，过自己想要的生活。

大胆地向生活索要

你必须大胆地向生活索要,远超你的身价地索要。显而易见的是,人们往往被迫接受生活所给予的一切。

世界上不会有免费的午餐,也不会有天上掉下来的馅饼。财富是诱人的,但要获得大量财富一定要敢于行动、敢于追求!不去追求、不行动你不可能赚钱,不敢行动你赚不了大钱。敢想还要敢干,不敢冒险只能小打小闹,赚个小钱。

这个时代为我们提供了丰富的资源,有像百科全书的百度,各种网络教学视频、语音,没有你找不到的,只有你想不到的。而处于这个时代的我们,如果还不努力地从这个时代给予或不轻易给予的养分中去获得,那么有一天,你会发觉,你已经无法与这个时代沟通,无法与你的家人朋友和孩子沟通。你只会越活越苍白!

能不能赚取财富,这其中确有运气存在。生意场上有运气,但不是任何人都能撞上。那么,哪些人能撞上运气呢,或者说,运气属于哪些人呢?天下财富英雄都是有胆、有识、有行动力的。

财富,尤其是巨额的财富,从来就不仅是辛苦工作能换来的!

学会空仓，像投资高手那样忍耐

在市场中，利益的诱惑常常让投资者冒险涉足毫无经验和知识积累的行业中去。在这个过程中，似乎每一个人都成了专家。而常常市场的表现也是在一个粗略的概念引导下走向一个又一个高峰，接着疯狂了的情绪极大程度地抵消了大家对于行业的无知和初期些许的理智。投资者在狂热的带动下害怕失去任何一次所谓的热点轮动。

1969—1970 年，美国股市大跌。1971—1972 年美国股市又大涨，当时个股严重高估，最牛的 50 只股票市盈率高达 80 倍，而巴菲特的公司只有 16% 的仓位是股票，84% 仍是现金，买不到合适的股票，他就一直忍着。

在 1970—1972 年这三年期间，巴菲特什么事也没干，直到 1973 年才重新杀入股市。他觉得这时候股票便宜，很多股票市盈率 10 倍不到，对于他来说，就好像"好色的小伙子来到了女儿国"一样,接下来的两年,大盘上涨了60%,而巴菲特赚了80%。

巴菲特身边的一位朋友,见巴菲特做期货赚多赔少,想问其原因,一直没有机会。一次,亲眼看见他斩仓,脸色丝毫不变,问其原因,巴菲特答曰:甘于寂寞,学会空仓,才能把握现金流。

那些整天试图凭借自己小聪明战胜市场的想法,早晚会被市场无情地吃掉。只有真正懂得与市场共存共振的投资者,最终才会成为市场长期的赢家。

只要你明白了这个道理,并坚持价值投资,不企图战胜市场、驾驭市场,那你就一定能成功。

你失手过吗?马上忘掉它!得手过吗?更快一点地忘掉它吧!有时候你要变得懒惰,在懒惰的空隙里学会按兵不动的投资策略,因为投资高手都是这么做的。

耐心等待下辆车,成为从容的第一批上车的乘客。

第七章

主动一步，站高一位

长期以来，我们习惯于听话，习惯于被动，坐等欣赏，坐等提拔。因而错过了机会，增添了臆想，最严重的是，反刍着遗憾。而一个有追求、有野心的人，从不等着机会主动降临，等着领导主动认可，等着薪资主动上涨，而是通过自己主动思考、主动解决、主动争取去得来。

没有人有义务无条件欣赏你，即使你有很多值得欣赏的地方。你必须知道别人为什么欣赏一个人，为什么讨厌一个人。

哥们，你变了

我们都活在社会框架之中，受着人情世俗的制约，为了在这个社会中生存下去，大多数人都变成了"一样的人"，毕竟人是群居动物，特立独行的总是少数。

一个很好的哥们，过去泡妞、打架、出入夜场，见人不服就干。"那年我双手插兜不知道啥叫对手。"

昨天，我们一起吃饭，碰到我们都认识的一个熟人，在同一家饭店的另一桌。

过去打了招呼，吃完饭，付款。

回来的路上，他反复询问我，没给熟人那桌结账，他会不会记仇？

我说，不给他结，没多少钱；给他结，也没多少钱，别纠结了。

他变了。

过去一个人能单挑三个。现在，见到小狗，都想递根烟。

周国平说，许多人所谓的成熟，不过是被习俗磨去了棱角，变得世故而实际了。生活像是一把锉刀，一下又一下地把我们身上"不和谐"的部分锉掉，然后我们为了使自己"变得完整"，又把"某些东西"再"添加"过来，结合后变成了"另一个完整的我"。

被迫成熟，主动改变。虽然这个过程充满痛苦和难过，但是我们开始变成真正意义上的"大人"，并且在这个过程中，我们也学会了一项成人必备的技能：自我安慰，给自己找奔头。

为什么有的单位里干活的人不招人待见

职场是一个很奇妙的地方,不知道你发现没有,有的人能力特别强,完成了许多重要任务,在单位还不受人待见,这是为什么呢?

因为,你打破了平衡。

大多数的单位还是按劳分配,多劳多得,有能力的人挣钱也多。但是,在有的单位里,本来人家喝着茶,嗑着瓜子,拿着工资,多好啊!其乐融融。

你却要干这干那,而且还求着人家配合你,甚至不得已跟着干,人家能不恨你吗?

本来工作60分及格就行,领导也没说啥,来个能力强的人,一下子把工作完成到80分,把标准拉高了,让那些混事的人怎么想?这不是给他们找事吗?给别人添堵吗?

所以,他们会合起伙来对付你。显着你了是吧?!

你能干，同事容不下你；你能力强，上司容不下你。

你能干活，就有干不完的活。你能吃苦，就有吃不完的苦。

如果你是一个干事的人，有能力的人，遇到这样的单位，宜主动尽早跳出来。

别人让步的前提是
他知道你不会让步了

对于人类而言,"竞争""生存"与"危机",这类词语既是耳熟能详的常见词语,又是令所有人都感到头疼的、想要逃避的字眼。但是,正如同非洲草原上的羚羊见到狮子就拼命奔跑一样,即便有一千个、一万个不情愿,我们都必须主动面对。

有竞争就有博弈。

目前经济学家谈的博弈论主要指的是非合作博弈,也就是各方在给定的约束条件下如何追求各自利益最大化,最后达到力量均衡。

博弈论虽然是一个经济学理论,但在心理学上却有广泛的应用。

比如,在讨价还价的过程中,势弱的一方通常会成为强者。对此也可以这样理解,即将自己固定在特殊的谈判地位是有利的,当任何一方认为对方不会做出进一步的让步时,协议就达成了。一方之所以会让步，是因为他知道对方不会让步了。因此可以认为，谈判的实力就在于让对方相信你不会再让步了。能够把自己锁定在有利地位有三个战略，即不可逆转的约束、威胁和承诺。

再比如，当博弈当事人的利益是对立的，也就是说，任何一个人效用的增加都会损害另外一个人的利益。博弈理论认为，这种所谓的对立只是一种逻辑上的可能性，在效率曲线上必然存在一点，使得博弈当事人的利益是一致的。博弈者都希望避免两败俱伤，这种"双赢"的想法就体现为，在效率曲线上找到一个合适的点来解决彼此之间的冲突。

现代企业间的竞争有很多情况都是在合作的背景下进行的。比如垄断市场的寡头 A、B，他们可以协议指定一个产量来维持自己的最大利润。但是在许多情况下总有为了维护自己的局部利润而提高产量的情况，结果导致价格下降，利润流失。竞争情报往往在这种情况下起重要作用，如果 A 掌握了 B 的实际生产能力就可以调整自己的产量甚至突破协议，从而形成新的均衡。

万物，无时无刻不在运动，运动不是为了运动而运动，而是为了平衡而运动，最终在运动中找到平衡，达成平衡，回归平衡。在工作中，难免博弈。可能你指望别人让步，那你就要找到一个均衡点。要让别人知道，在这个均衡点上，你不会让步了。那么，对方也会发现这一点，也会退步到这个均衡点附近。

爱就要说出来

凡事去做,不一定成功,但不去做,则一定不会成功。想到就去做,不做连难度都不知道。

很多成功人士,准备到有一半的把握时,就开始去做了。干起来再说,边干边寻找机会,边干边创造条件,边干边修正,边干边完善,你是常人你怕什么!只要大方向是对的,也许最初看起来没有希望的事,干到最后就有了好的结果。等你完全准备好再去做的时候,机会早就离你远去了。

都说在爱情里面,谁主动了谁就输了。但是从来都没有人想过其实被动的那个人伤得最痛。被动的那个人付出的真心比主动的那个人付出的真心要多十倍。

但是,又有什么用呢?

一个女孩,以前自己很自卑,从来不敢生气,不敢大声说话,不敢提要求,生怕别人讨厌自己。本来1.65米的身高,她还是感觉矮。大学的时候特别喜欢一个学长,不敢表白,眼睁睁看着他成为别人的男朋友。

大学的一个室友,长得很帅,特别喜欢一个女孩,默默地喜欢了很久。直到有一天,他看到女孩和一个看起来各方面条件都不如他的男孩在一起。室友鼓起勇气,找到女孩,女孩说现在的男朋友是唯一一个当面说喜欢她的人。

我认识的一对情侣,谈了八年的恋爱,最后还是分道扬镳。两个人处成了哥们,甚至处成了家人,但是谁都没主动说爱对方,男女之爱的那种。直到女孩有一天被父母安排相亲,结婚生子。女孩结婚的那天,他哭成了泪人。女孩开心吗?八年的付出说放下就能放下的?"我假装无情,其实是痛恨自己的深情。"

传统上,觉得主动的一方比较吃亏。你看,主动了,对方不一定待见你,还可能面临各种被拒绝、无视、轻视的风险,心理脆弱者会觉得自信心很受打击,甚至怀疑自己。一般人会对主动送上门来的感情抱有很大的戒心,会有一种"你干吗""你是在逗我吧",然后各种躲避,各种爱搭不理。但实际上,都是一种变相的考验。考验什么?考验的是你的诚意。只要各方面素质不是太差,诚意够了,通过互相的了解,还是有很大机会的。

爱情交往中,正确的思维方式是自己走向对方,而不是拽对方到自己这边。所以,在感情上,要及时说出自己的想法。敢爱你就来,怕什么呢?

你主动点儿,我们就有故事了。

第八章

一开口就让人喜欢你

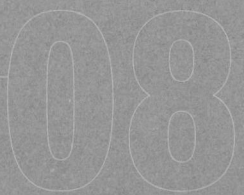

这事不好办＝能办，只是条件不够；这事原则上不能办＝能办。只沟通，不期待；只输出，不争辩；只筛选，不教育。不要强迫别人讲真话，答非所问就是回答，沉默不语就是拒绝，闪烁不定就是撒谎，冷战就是不怕失去，所有的细节，都是答案。

光说不练假把式，光练不说傻把式，又练又说真把式。领导问你：会喝酒吗？你说我擅长倒酒；别人夸你酒量好，你说酒量好不好，要看跟谁喝。会办事是本事，会说话是优势。

真话不全说，假话全不说

有一则流传已久的笑话，说的是一位经理召集五个员工开会。开会的时间早已过了，可是只来了三个人。他叹气说道："唉，该来的没有来！"有个员工听了这话觉得很不自在，他想：莫非我是不该来的人？于是这个员工悄悄地走了。

经理见状，又叹道："唉，不该走的走了！"剩下的两个员工听经理这么说，误认为他俩是该走而没有走的人，于是一气之下全走了。可见，只因为说话不妥当，非但会议没开成，而且还得罪了人。经理用舌头在对方心里留下的阴影，恐怕短时间内难以消除。

在商业活动中，既有智慧的较量，又有心理的比拼。为了知己知彼，双方都会使出浑身解数刺探商情。通常，人们说每一句话都应该深思熟虑，有所保留，这样才能最大程度上维护自己的利益。

"如果一个人想做什么就用嘴巴说出来,那就完了。做该做的事情,说该说的话,是一个人起码的素养。"一个人该说什么,不该说什么,大有学问所作。

1. 体察对方的心理
少和妈妈说难过的事,她帮不上忙,也会睡不着觉。

2. 照顾对方的情绪
人际交往中,遇到多事的人,不要直接对抗,而要热情、大方,一问三不知。

3. 保守秘密
不能有话直说。做人要多长点心眼,做该做的事情,说该说的话,是最起码的要求。未成之事不可以说。好事在未成之前向外宣扬不容易成功,而坏事被宣扬则更容易实现。

4. 第三人效应
如果不想树敌,或者想改善与某人的关系,就在背后说他的好话,别担心传不到他的耳朵里。在心理学上,有个"第三人效应"。通过第三人,让对方间接听到你对他的评价与关注,会产生意想不到的效果。

你说出多少秘密,就有多少危险在等着你。当没人知道你做什么的时候,你的生活会变得更好。

　　说话是一种艺术,也是一种诀窍,一个人只有掌握这种巧妙的方法,才能获得成就。生活的道理亦是如此。人们常说,眼睛是心灵的窗户。其实,嘴的功能亦不能忽视。嘴是心灵的大门。人们常对失言者说:"你嘴上缺个把门的。"中外古今的政治家、军事家,一言可以兴邦,一言可以丧国。对于一个人来说,不仅要移花接木,而且应落地生根。

只要不产生利益冲突，别人的话一般不需要反驳

俗话说，顶牛抬杠不养家。

宋先生大学刚毕业时，有一次参加朋友的婚礼，席间有另一位年轻人唐先生在说明新郎与新娘的关系时，用了"青梅竹马"这个成语。他为了夸耀自己的博学，还念出了这首诗："郎骑竹马来，绕床弄青梅。"不过，这位唐先生却搞错了，他所念的这首诗是唐代诗人李白所写的，而他却误以为是宋代女词人李清照写的，可能因为这首诗蕴含的感情深厚，使得他误会是出自女性作家之手。

宋先生当时年轻气盛，又认为中国文学是他的特长。为了夸耀这点，宋先生毫不客气地当着众人的面，纠正唐先生的错误。可是不说还好，这样一说，唐先生反倒更加坚持自己的意见了。

就在他们争论不休时，恰巧宋先生看见他的大学老师坐在

第八章
一开口就让人喜欢你

隔桌，这位老师是专攻唐代文学的教授，现在教授的课程也都是和诗有关。于是宋先生和唐先生去见自己的老师，唐先生也听过宋先生老师的大名，所以同意让宋先生的老师当裁判。他们都把各自的观点说完，老师一直静静地听着，然后在盖着桌布的桌下，用脚轻踢了宋先生一下，态度庄重地对宋先生说："你错了，那位先生说的才对。"

回家的路上宋先生越想越不服气，不相信老师这么有学问的人，竟也会忘记这首诗。于是宋先生一到家就从书架上找出《唐诗三百首》，第二天连班都不上了，拿着书去学校找老师，要他还自己一个公道。

在教授办公室里宋先生遇上了老师，还没等他把书拿出来，老师就先说了："你昨天说的那首诗是李白的《长干行》，一点也没错。"这时宋先生更纳闷了。老师看了看他温和地说："你说的一切都对，但我们都是客人，何必在那种场合给人难堪？他并未征求你的意见，只是发表自己的看法，对错根本与你无关，你与他争辩有何益处呢？"

无论什么话，慢下来才有力量

稻盛和夫说："说话只要声音一低，你的声音就会有磁性，说话只要一慢，你就会有气质，你敢停顿，就能显示出你的权威。"任何时候都不要紧张，永远展现出舒适放松的状态，你永远把任何想接触的人当成老朋友，交谈就行了。行就行，不行就拉倒。

而且，有时候，在与人交流的时候，如果说话太快，很可能该说的不应该说的，全从一张嘴里说出去了。一方面，可能会惹到别人，一方面，可能会引来闲话。

不知道大家有没有发现，在我们生活中，越是说话慢的人，越受人喜欢。大家为什么喜欢他们，我想主要有以下几点：

1. 仔细周到

他们常常思考十分仔细，善于观察发生在身边的事情。他们不仅会注意到别人所忽略的细节，同时也能够细致地分析问题。

2. 沉着冷静

他们通常会将自己从紧张的情况中解放出来。他们能够很快地厘清头绪,保持冷静,进行深思熟虑的思考,并采取适当的行动。

3. 谦逊低调

他们通常非常谦逊,会过滤掉自己的情绪感受来表达自己的看法。

4. 细心体贴

他们在谈话时不仅会仔细聆听对方的意见,还会体贴对方的感受,从而创造更友好的交流氛围。

5. 慎重考虑

他们会认真思考每一个细节,找出问题,从而帮助团队提高效率和提高决策水平。

说话慢,是十分重要的,会说话的人,一定要想好了再说,慎重地说,把话说好,把话说正确,把话说明白。

不管你多么想强调问题的重要性,都不要把自己的声音抬高。想听的人,即便你声量不高,也会耐心去听;不想听的人,不管你喊得多大声,对方也会当作没听到。

稻熟低穗,人熟低声。烦躁的时候,千万不要说话,成年人的烦恼,和谁说都不太合适。

你要口头的痛快
还是实实在在的好处

华克公司承包了一个建筑工程,预定于一个特定日期之前,在费城建立一幢庞大的办公大厦,一切都照原定计划进行得很顺利。大厦接近完成阶段,突然,负责供应大厦内部装饰的铜材承包商宣称,他无法如期交货。如果真是这样的话,整幢大厦都不能如期交工,公司将面临巨额罚金。

长途电话、争执、不愉快的会谈,全都没效果。于是杰克先生奉命前往纽约,当面说服铜材承包商。

"你知道吗?在布鲁克林区,有您这个姓名的,只有您一个人。"杰克先生走进那家公司董事长的办公室之后,立刻就这么说。

董事长吃惊:"不,我并不知道。"

"哦,"杰克先生说,"今天早上,我下了火车,就查电话簿找您的地址,在布鲁克林的电话簿上,有您这个姓的,只

第八章
一开口就让人喜欢你

有您一人。"

"我一直不知道。"董事长说。他很有兴趣地查阅电话簿。"嗯,这是一个很不平常的姓,"他骄傲地说,"我这个家族从荷兰移居纽约,几乎有二百年了。"一连好几分钟,他继续说到他的家族及祖先。当他说完之后,杰克先生就恭维他拥有一家很大的工厂,杰克先生说他以前也拜访过许多同一性质的工厂,但跟他这家工厂比起来就差得太多了。"我从未见过这么干净整洁的铜材工厂。"杰克先生说。

"我花了一生的心血建立这个事业,"董事长说,"我为它感到骄傲。你愿不愿意到工厂各处去参观一下?"

在这段参观活动中,杰克先生恭维他的工厂组织制度健全,并告诉他为什么他的工厂看起来比其他的竞争者高级,以及好处在什么地方。杰克先生还对一些不寻常的机器表示赞赏,这位董事长宣称就是他发明的。他花了不少时间,向杰克先生说明那些机器如何操作,以及它们的工作效率多么良好。他坚持请杰克先生吃午饭。到这时为止,你一定注意到了,杰克先生一句话也没有提到此次访问的真正目的。

吃完午饭后,董事长说:"现在,我们谈谈正事吧。自然,我知道你这次来的目的。我没有想到我们的相会竟是如此愉快。你可以带着我的保证回到费城去,我保证你们所有的材料都将如期运到,即使其他的生意都会因此延误。"

杰克先生甚至未开口要求,就得到了他想要的所有的东西。那些铜材及时运到，大厦就在契约期满的那一天完工了。

生活中有很多人是这样的：如果你顺着他的毛摸，他便对你好得不得了，甚至不惜为了你的事丧失原则。如果你不尊重他，他便处处跟你过不去，有事没事找你的碴，让你总感到不舒服。但哪天你请他喝酒，给足他面子，他便又视你为朋友，立即忘记以前的不快。

因此，你自己要衡量一下，你是宁愿要一种字面上的、表面上的胜利，还是想得到实实在在的好处？

第九章

爱的正确打开方式

09

婚姻关系其实是很难处理的一种关系。夫妻没有血缘关系，但比亲人更亲，且在一起时间最长。成长背景不同，却要以家庭为单位共同生活。又不可能像陌生人那样，说来就来，说走就走，于是关系好的时候，怎么都爱不够，关系不好的时候，矛盾也就产生了。

　　好的婚姻不是没有冲突，而是拥有解决冲突的能力，让爱以正确的方式打开。拥有了这些能力，婚姻就会从冲突、对立，从庸常的柴米油盐、左手摸右手变成一趟愉快的旅行。

好的婚姻,真能治病

古语云:"君当作磐石,妾当作蒲苇,蒲苇纫如丝,磐石无转移。"

莫泊桑说:"有时,我可能脆弱得一句话就泪流满面;有时,也发现自己咬着牙走了很长的路。"

一位创业者在欠债 9600 万时,妻子跟他开玩笑说:"万一你有个三长两短,我得做多少馒头,刷多少个碗才能还上 9600 万?"

在旁人看来,这就是一句玩笑话,但也隐藏着一层深意"没事,有我在。"

人在历经风暴捶打时,往往很脆弱,一句"有我在"真的很难让人不感动,让处于深渊的人明白他不是一个人在战斗,我还陪着你。

每一次崩溃的边缘,都会有来自温暖的力量,将我们拉回人间。

　　志华家里虽然贫穷，但他很懂得学习，既聪明又孝顺。村里有个有权有势的人知道志华对父母很孝顺，希望志华能做他的女婿，便叫媒婆去说和，却被志华拒绝了。志华认为，反正是要做上门女婿，我宁愿到村里最穷的大有家。大有家是全村最穷的，他有个女儿叫珍珍，虽然长相一般，但心地善良，温柔贤淑。

　　于是，志华便和珍珍结婚成家了。珍珍和志华同心协力地过日子，生活过得很和美。可是细心的志华却发现，珍珍每当吃完晚饭做完家务活后，就不见人影了。一天晚饭后，满腹疑惑的志华便蹑手蹑脚地跟在珍珍后面，才发现，原来珍珍是到志华家去照顾志华的母亲。珍珍收拾完厨房后，还把家畜都料理妥当，还为婆婆敲背捶肩后才回家。志华对珍珍的举动很感动，流着泪感谢，两个人感情愈发融洽，小日子越过越红火。

　　好的婚姻就像遇到属于自己的温暖。那些让你痛苦的曾经都得到了抚慰，终有一天你会笑着说出来。

不醒来，你再努力，
也过不好这一生

人们常说："婚姻要有凝聚力，才能应对人生的万种难。"深以为然。

钱锺书创作《围城》时，全家人都为此付出了大量的时间和精力。

为全心全意投入写作，钱锺书特意向学校请假，减少了任教的时长。

如此一来，家里少了一部分收入，不得不节省开支。

而杨绛也果断辞掉家中女佣，甘为"灶下婢"。

那段日子里，她在外要写文章、做学问；回到家中，无论是劈柴生火还是做饭洗衣，她也样样做得。

钱锺书的母亲对这位儿媳赞不绝口，夸她："笔杆摇得，锅铲握得，在家什么粗活都干，真是上得厅堂，下得厨房，入水能游，出水能跳，锺书痴人痴福。"

等到《围城》出版，钱锺书在序中深情地写道："这本书整整写了两年，两年里忧世伤生，屡想中止。由于杨绛女士不断的督促，替我挡了许多事，省出时间来，得以锱铢积累地写完，照例这本书该献给她。"

曾有记者问杨绛，由一代才女沦为"灶下婢"，是否觉得委屈，杨绛答："不委屈。"

记者又问她为什么，杨绛说："因为爱。"

正如木心所说："从前书信很慢，车马很远，一生只够爱一个人。"

钱锺书有首短诗：

"第一次见到你的时候，

"我的心炸成了烟花，需要用一生来打扫灰炉。

"在这个薄情的世界里，总有一些深爱，让人忍不住热泪盈眶。"

但人生有时也有很多的不理解。

2023年，我一年买的衣服，比过去20年加起来都多。

曾经，一条裤子穿了10年，一件T恤保存了15年；柜子里，还有多年前，回老家时我临时穿的我爸的一件衣服。我说，你看看，这么多年，我挣得钱，都花到家里了，都花到孩子身上了，自己都没心疼过自己。

她说了三个字：

第九章
爱的正确打开方式

"你活该。"

一语点醒梦中人。

照顾好自己,才能照顾好家人。

穷和富都是一个考验

电视剧《三十而已》中有这样一个片段,陈屿有一次跟钟晓芹在争吵中说道:

"都说婚姻是避风港,我跟你结婚就是为了轻松和省心。"

随即,钟晓芹一句话怼了过去:"你这话就是放屁!都想避风谁当港啊!"

在吴京拍摄电影《战狼》时,因为题材不被看好,没有人投资,他为了完成梦想,拿出了自己所有的积蓄,甚至将所居住的房子都抵押上了。

吴京对谢楠说:"如果输了,我就什么都没有了。"

听到这个消息的谢楠不是劝阻,不是挥挥手离去,她说:"这是你的梦想,如果你不去实现,我们住再大的房子,你都不会开心,去吧,你输了,我养你。"

这样一种毫无理由的信任,太让人有干劲了!

第九章
爱的正确打开方式

后来,《战狼》火遍大江南北,吴京也彻底火了,他赢了。在很多场合被问最想感谢的人是谁时,吴京说"我老婆"。

夫妻两人真正诠释了那句话:"你输我陪你东山再起,你赢我陪你君临天下。"

由于丈夫的努力,事业达到了辉煌,在社会上有了一定的地位,投怀送抱的机会也就多了起来,妻子除了高兴之外,自身也要有一种压力感,并努力把压力转化为动力,不断寻求进步。千万不能持夫贵妻荣的老调子,因为这只能令你坐享其成,不思进取。一旦丈夫觉得你跟不上时代的步伐,就可能自己往前跑,到时你只能望尘莫及,哭也来不及了。

夫妻之间的生活习惯是很难改变的,毕竟两个人朝夕相处,卿卿我我。丈夫的一丝变化都会被细心的妻子发现,但发现丈夫有异常情况时,一定要慎重行事,把事实真相搞明白,再"问责",最好不要捕风捉影,胡乱猜疑。即使没有问题,你一胡闹,也会闹出问题。

心大一点,日子也能变成段子,而心小一点,段子可能变成案子。

为什么人间多是被辜负

三甲医院的临床女医师,为了支持老公创业,辞职。三年后,老公生意做大,被离婚。"我不伤心,也没流泪,只是遗憾。怎么傻到拿自己的前途去赌人性呢?"她说。

为何好男人总遇到渣女,好女人却总被渣男辜负?其实,古人早就总结过了,所以,民间流传下来一句"好汉无好妻,懒汉娶花枝",还有一句"骏马常驮痴汉走,巧妇常伴愚夫眠"。

现实生活中,确实有很多好男人娶了渣女,很多好女人嫁了渣男。渣男渣女的搭配是很少的,他们似乎很懂得留意避开彼此。好男人遇上好女人的概率也有,但彼此若能遇上,多多少少有命运眷顾的成分。

我们只能说,爱情链也是一个生态链、食物链。大鱼吃小鱼,小鱼吃虾米。总有一方要负责"吃",另一方负责"被吃"。

武大郎临终前,还在盼着潘金莲能够回心转意。弱者对这个世界最大的误会，就是以为只要是人，都会有良心。可现实是，大多数是好人，但品质有问题的人也不是没有。

在家庭中不断付出，而又不断被辜负的人们，通常走了这几条弯路。

1. 你有可能越界了

有个问题我们应该好好地思考一番，为何你真心付出了，另一半还非要与你作对呢？从人性的角度来说，就是因为你有可能触碰到了别人的"利益"。你一片真心为了家庭，可你的家人却认为你把他们的责任都抢走了。这个时候，别人就不会感激你，而只会认为这个家里只有你重要，把你当成需要防备的人。

2. 习惯性付出，容易被视为理所应当

其实，当你付出过多之后，那你就会在别人心中留下一定的刻板印象。这个时候，你稍微做得不好，别人就会挑你的刺，甚至还会针对你。

3. 在乌鸦眼里，天鹅是有罪的

你需要承担什么责任，就承担什么责任。人人都各尽其责，那这种"付出没好报"的情况就会减少发生。"过度付出"的人，吸引来的必定是"过度索取"的人。

学会把注意力放在自己身上,比如多跟朋友聚会,出游旅行,读书写字,尝试去提升自己,而非拿着八倍镜去观察伴侣,琢磨婚姻的时候,你会发现婚姻危机并没有想象中可怕。

"拿出婚姻算个屁的架势,婚姻就不会是个屁;如果拿出靠婚姻获得母乳般滋养的架势,得到的一定是个屁。"

话糙理不糙。

婚姻的三个阶段：
发现、原谅、接纳

有的夫妻吵吵闹闹一辈子，到末了也还是夫妻。越是高质量的婚姻，越是千疮百孔。

一次，夫妻二人决定坐下来好好谈谈。

妻子说："你有多久没有回家吃晚饭了？"

丈夫说："你有多久没有起床做早饭了？"

妻子说："你不回家陪我吃晚饭，我多寂寞啊。"

丈夫说："你不给我做早饭，你知道上午工作时我多没有精神。上司已经批评我好几回了。"

"早饭你可以自己弄的啊，每天回来那么晚吵我睡觉，我怎么起得来。你可以不回来陪我吃晚饭，我就可以不给你做早饭。"妻子不高兴地说。

"你知道我一天上班有多辛苦，压力有多大。一个晚饭，自己吃怎么了，难道你还是孩子，要我喂你不成？"丈夫也没有好气地说。

就这样，夫妻二人你一句我一句地互不相让，最后竟翻出了结婚证要去离婚。

在去民政部门的路上，他们遇见了一对老夫妇正相互搀扶慢慢走着，老妇人不时掏出手帕给老公公擦额头上的汗，老公公怕老妇人累，自己提着一大兜菜。这对年轻夫妇看到这个情景，想起了结婚时的誓言："执子之手，与子偕老。休戚与共，相互包容。"可是现在竟然……

于是他们开始互相检讨。丈夫说："亲爱的，我真的很想回家陪你吃饭，可是我实在工作太忙，常常应酬，并不是忽略你啊。"

妻子不好意思地说："老公，我也不对，不应该那么小气，你在外工作挣钱不容易，早上我不应该赖床不起。"

"早饭我可以自己热，每天回家那么晚一定吵得你睡不好觉，你应该多睡会儿的。"丈夫忙说，"刚才在家我不应该那么凶地和你说话，我知道自己身上有很多毛病……"

妻子也赶忙检讨自己……

爱情与婚姻，不能分离，但也不能等同。对方的问题在热恋时我们可能什么也发现不了。而结婚后则什么也隐藏不了。一段爱能不能延续，关键是婚姻中能否包容和接纳。

两个人相处，你总会发现有些地方不对劲，有的人不能原谅、接纳，就离开了，但有人选择不放弃。

第九章
爱的正确打开方式

小张最近和男朋友因为一点小事打起了"冷战"。她觉得男朋友的脾气太大,小毛病太多。她把自己的烦恼告诉一位大姐。这位大姐对小张说,在谈恋爱阶段,其实更重要的是看对方的缺点。只有把对方缺点看清楚了,才能知道自己究竟能不能长时间和对方在一起。至于对方的优点那要留在结婚以后,慢慢享受。这位大姐的提醒让小张很意外,她过去觉得两个人谈恋爱就应该甜甜蜜蜜,从没想过要看缺点。这些话给了她很大的启示。

不过,找缺点也是有技巧的。

(1)找缺点不是挑毛病。

(2)有问题谈清楚。

(3)接纳对方的不完美,也接受自己的不完美,并与自己的不完美握手言和。

宫崎骏说:"喜欢一个人,那你就主动朝他多走两步,他如果看到你走过来了,却没有要迎接你的意思,那你就必须停下来。"

深以为然。

离婚后，怎样成为赢家

离婚，从来都不是人生失败的标志，更不是世界末日的降临。而是生活大方地给了我们一次重新选择的机会。既然曾经选错了也浪费了那么多时间和精力，那么这一次就一定要小心谨慎对待自己所做的每一个决定，别再让自己陷入痛苦的漩涡当中。

这话听起来一点毛病没有。

但是，对离婚的双方来讲，要面对的问题却沉重得多。

两口子离婚，父母输了，亲戚邻居面前没面子。

孩子输了，一个不完整的童年，一个自卑的灵魂。

夫妻输了，失去财富、信任，建立一个家千辛万苦，毁掉一个家轻而易举。

想看你笑话的人赢了，嫉妒你的人赢了。

不希望你过得比他好的人赢了。

第九章
爱的正确打开方式

身边想看你笑话的人，可能远比想看你成功的人多。过日子谁都逃不开鸡毛蒜皮，你要是没有经营婚姻的能力，换个人不过是重蹈覆辙罢了。

离婚后，一定要照顾好自己。

离婚没有赢家，最好的结果也是给人生缝缝补补。

能不离婚就不要离。

第十章

只要埋头苦干,做出业绩,迟早会被提拔?

最有利可图的工作通常要求一个人承担最重要的责任。在你准备好承担重大责任之前，你不太容易从你的服务中得到很多报酬。高薪通常是支付给那些能够高效地和令人满意地承担责任以及领导他人的人。

凡是要你顾全大局的，你可能不在这个"局"里；凡是要你不惜一切代价的，你可能就是这个"代价"。要想快速晋升，要么拼背景，要么拼实力。能创造价值，才会被老板视为不能代替的心中"典型"。

你以为自己很重要，
事实并非如此

在单位，总有这样的人，觉得自己有技术，或者为单位签了多少客户，为单位挣了不少钱，单位就好像离不开他了。事实真是如此吗？

实际上这些人都是在自己的局部小环境中，得到了一些认可，然后就觉着自己多么了不起。他们多半跌入了一个心理学怪圈，叫作花盆效应。

什么是花盆效应？花盆是一个半人工、半自然的小环境。首先，它在空间上有很大的局限性；其次，由于人为地创造出非常适宜的环境条件，在一段时间内，作物和花卉可以长得很好，但一离开人的精心照料，经不起温度的变化，更经不起风吹雨打。

以为自己很牛的人，只是在特定环境下才会有自己的优越感，实际上离开这个环境，也就没有他想象的那么好了。

一个好的单位，离开了谁都能转。

你以为你的工作无可替代，事实上一个刚毕业的小伙子就可能比你干得好。如果你在单位是比较重要的核心人物，你可能因为待遇问题提出辞职。当你提出离职以后，老板的第一反应是目前公司有没有立即可以顶上来的可用之人，如果暂时没有，即使你被上司挽留，但他很可能已经在心里开始琢磨着要找一个或者内部培养一个人来代替你了。

曾经遇到过一个同行，在一家互联网公司做策划总监。一次在朋友的聚会中遇到一个高过自己现有薪资一倍的工作机会。于是他心里产生了动摇，思前想后一番便跟就职的公司提出了辞职。

当时的上司立刻给其涨了薪资，又承诺了各种优厚条件，还一起吃了不下三顿饭，上司的各种表现可以说是推心置腹，一定要共同奋斗，一定要同享才不负此生。

于是此人被上司的一番真诚打动，推掉了另一边的机会，更加用心用力地专注在原有的工作上。让他没有想到的是，仅仅三个月的时间，上司就聘请了新的策划总监，以模棱两可的理由将其劝退……

即使马云退休了，阿里巴巴依然还在正常运转。

委屈都受不了,能成什么大事

公司每一年提拔,得意的是极少数,失意的是大多数。这些失意的,我们称之为分母。

随着时间的推移,分母只会越来越大,每一层级的晋升,都会变得越来越激烈。

人也越来越委屈。

人在不同的阶段,都会承受不同的委屈。大人物有大人物的委屈,小人物有小人物的委屈。要想在人际交往中,尤其在职场上游刃有余,没有承受委屈的本事是不行的。

王科长任业务科科长的第三年,上司给他派了一名新主任。新主任是老业务员出身,没有多少文化,对所管辖的下属,谁工作认真、昼夜加班、出了成绩,他看在眼里,却忘在脑后;谁迟到早退,不请假,或者没有给他及时送材料,他却牢牢记在心上,时不时地给点颜色瞧瞧。尤其是对业务科的工作总是挑毛病、找破绽，好像怎样看都不顺眼。

面对蛮不讲理的新主任，王科长既没有当面顶撞，也没有逢迎巴结。他经常和本科室的人员开会，定出工作程序，交给主任过目后，再切实执行，并做好系统记录，以便主任翻阅。

这样自行安排工作，既减少了他这个业务科长与新主任的摩擦，也减轻了自己的负担。

有几次，王科长被主任严厉批评，但他没有产生过激的情绪。相反，王科长每受到委屈，必当机立断，检查自己的工作、处事是否有错误，并且有错必改，或是重新估计自己，进一步做好本职工作。

此外，对待这样的"大老粗"主任，王科长为自己的前途着想，时时小心，处处小心，步步小心，尊重主任的意见，多向主任请教，多多体谅主任的难处。

这样一年下来，主任对王科长褒奖有加，再也不像以前那样恶声恶气了，又过了半年，王科长被提升为业务部主管。

有记者曾经采访诗人余光中，问他，"李敖先生天天在不同场合找您的碴儿，您从不回应，何故？"

余光中沉吟片刻，答曰："他天天骂我，说明他的生活不能没有我。而我从不搭理，证明我的生活可以没有他。"

社会比学校要复杂得多。你有再多的委屈，也要咽下继续前行。学会承受委屈，是我们成长的第一步。你不可能将所有的误会都——找人去对质，去解释。这个世界也总有人为了达到自己的目的，踩着别人的肩膀上位。在那样的情况下，如果没有强大的内心，真会输给自己。

把一口咽不下的气咽下去，你就成长了，就成熟了。你天天说羡慕那些成熟的人，那些领导身边的红人，那你能咽下他们咽下的气吗？那些成熟的人，大概是受了很多的委屈，都是自己开导了自己一百遍，说服了自己一千次。

巷子里的小猫很自由，但没有归宿；围墙里的小羊有归宿，却终生都要低头。能承受委屈的人才能吃得开，混得下去。

分清楚上下级关系

在职场中要认清上下级关系,这在企业人际关系中体现得尤为突出。这一点公司内部必须有着严格的区分,否则上面的命令便无法传达到下面,如此一来公司无法上下一心地完成任务。

比如,在走廊上与上司擦肩而过时,稍停一下和上司打个招呼。在上楼梯的时候遇见上司从上面下来,在下面的二三阶暂停等候,等和上司打过招呼之后再继续前进。

上下级关系中最引人注意的就是言辞的使用。现在的年轻人常会像对待朋友一样对待自己的上司。

"喂!老王,经理叫你!"

这种态度值得商榷。

"喂!"这一类轻佻的用语不可以对上司使用。

此外,回答上司的问话时一定要简单明了,换言之,不可以语意含混地回答"喔"或"嗯"。

第十章
只要埋头苦干,做出业绩,迟早会被提拔?

对上司或长辈以"××科长""×主任"来称呼,即使是没有头衔的人也要称呼"×先生",不可以说:"你……"近来,许多中学生都习惯对老师说:"你……"用这种傲慢无礼的态度对待老师的学生,一旦踏进社会就会用这种态度对待上司或长辈。这样的年轻人除了在言语上不懂得礼貌,做事的态度也是傲慢无礼的。

那些被公认为会来事的上班族,所具备的基本条件就是言辞运用恰当,尤其是在结尾的地方更为重要。

年轻女子常常习惯使用一些语尾助词来表现柔美,例如"哦!""呢!"之类的,这却不适合用在办公室。凡是精明干练的女性,是不会这样说话的。这种说话习惯还是及早改掉为好。

总之,上班族要学会站在上司的角度考虑问题,做到上下关系分明,才能明确自己的言行,赢得上司的器重。同样,其他的人际关系,比如,长幼关系,师生关系等,也同样如此,上下关系一定要分明。

中国的人际关系,有它自己固有的特点,虽然在欧美国家,有些公司一律不用职称,全部直接称呼对方名字:Mr Smith、Miss White等,但这并不适用于这个有五千年传统文化的社会。尤其我们素有"礼仪之邦"之称,更应该分清楚上下关系。

跟上司抢镜头,你会很惨

在一个团队里,上下级关系是最受人重视的。对下级来说,遵守纪律、维护上司权威是最基本的要求。

企业人际关系中,上司爱面子,很在乎下属对自己的态度,他们都有着很强的尊严感。因此,要谨慎处理与上司的关系,最要紧的一点是千万不要伤害上司的尊严,同时注意替上司保守秘密。

许多时候,下属的冲撞会使上司下不了台,面子难堪。作为下属,绝对不能跟上司抢镜头。如果你与上司的交往中总是咄咄逼人,不知道给上司留面子,就会引起上司的反感。更有甚者,把本该属于上司的"金子"硬往自己脸上贴,完全忘了自己的身份,总做一些"越位"的事,抢上司的"镜头"。这样的人,恐怕很快就会被上司"炒鱿鱼"。

从历史上看,因为不识时务、不看上司的脸色行事而触了霉头的人并不在少数,也有一些忠心耿耿的人因抢了上司的"镜头"而备受冷落。

唐太宗李世民是以善于纳谏著称的贤君,但也常常对魏徵当面指责他的过错感到生气。

有一次,唐太宗宴请群臣时酒后吐真言,对长孙无忌说:"魏徵以前在李建成手下做事,尽心尽力,当时确实可恶。我不计前嫌地提拔任用他,直到今日,可以说无愧于古人。但是,魏徵每次劝谏我,不赞成我的意见时,我说话他就默然不应。他这样做未免太没礼貌了吧?"

长孙无忌劝道:"臣子认为事不可行,才进行劝谏;如果不赞成而附和,恐怕给陛下造成其事可行的印象。"

太宗不以为然地说:"他可以当时随声附和一下,然后再找机会陈说劝谏,这样做,君臣双方不就都有面子了吗?"唐太宗的这番话流露出他对尊严、面子的关注。

常言道:"退一步海阔天空,进一步逼虎伤人。"还是十分有道理的。因此,为维护上司的尊严,给上司留面子,主要应当注意以下几点:

(1)上司理亏时,给他留个台阶下。没有必要凡事都与上司争个孰是孰非,得饶人处且饶人,给上司个台阶下,维护上司的面子。

(2)上司有错时,不要当众纠正。

(3)不冲撞上司的喜好和忌讳。

（4）百保不如一争。会来事的下属并不是消极地给上司保留面子，而是在一些关键时候、"露脸"的时刻给上司挣面子，给上司锦上添花，增光添彩，获得上司的赏识。

面子和权威之所以如此重要，根本原因在于这与上司的能力、水平、权威性密切挂钩。平时，不应跟上司抢"镜头"，从与上司相处的角度讲，不慎言笃行，一旦冲撞了上司，就会影响你的进步和发展。

第十一章

自愈力：不疲劳的生活法则

人的一生活得最真实的那段岁月,非低谷期莫属了。这时你身边没有了虚伪的朋友、没有意义的酒局,更没有了花言巧语,听到的话是真的,因为这个时候,你已经失去了被欺骗的价值。你的每一天都是在脚踏实地地爬坡,靠谱地做事。

其实真正的清醒,多是你在低谷期悟出来的。那段没人扶的日子,才能让你真正成熟。没有低谷期,你肯定还天真地以为,你所谓的人脉是你强大的力量。

自愈的能力

无论贫富贵贱，人总会在一瞬间崩溃。

朋友的朋友，欠了点钱，又和妻子拌了几句嘴，一时想不开，吞下百草枯。

救护车上，朋友怀抱着朋友去医院，还是没来得及。

生活的麻烦没有尽头。

有人好不容易找到工作，转眼就被裁员；有人刚还完房贷，父母又生病住院。

有人看上去幸福美满，却面临离婚的痛苦；有人拼尽全力，可日子还是毫无起色。

这也就不难解释，为什么五大三粗的中年男人会在地铁痛哭；精明能干的事业女性只想被母亲抱抱。

当遇到人生大坎的时候，不能寄希望于任何人。

父母、兄弟姐妹、朋友、枕边人，甚至曾经大力帮助过的人。

人必须自愈，自己走出来。

而且，要坚信，这个坎是来帮助你的，提醒你的，一定能过去。

你只管努力，做好人，行好事，走正道，怀正义，时间一定会给你一个交代。

当你六神无主时，工作。

当你孤独冷清时，运动。

当你苦闷压抑时，交谈。

当你委屈绝望时，读书。

能将你从低谷里拖出来的，从来不是时间，而是你心里的格局和你发自内心的释怀。这个世界从来没有感同身受，你可以消沉，也可以抱怨，甚至可以崩溃，但一定要懂得自愈。当你内心足够坚定的时候，谁也没办法影响你。

弱者自卑，强者自愈。每个人都曾伤痕累累，自愈力是无边苦海中救命的唯一浮木。

去爱一个你值得爱的人

当你遇见那个你值得爱的人,那个三观相合的人,你就放下了所有的恐惧,你不怕失败,不觉得累,更不怕爱而不得,因为值得你爱,你就会不计较天长地久还是曾经拥有,只会义无反顾地去爱,每天蹦蹦跳跳地去生活。

这个人可能是父母,可能是儿女,可能是恋人或朋友。

恨一个人或一件事,只会让自己痛苦、失眠。去爱人或爱上做一件什么事,才能让自己愉悦。哪怕是不经意捡起路边的一个矿泉水瓶子,你都会生出小小的幸福感。

爱出者爱返,福往者福来。

有一个5岁的女孩儿甜甜,很是惹人喜爱。每当大家上下班经过那家理发店时,甜甜远远地就朝人叫着"叔叔、阿姨",他们就会不由自主地停下脚步,她就连忙跑过来,扬着脸说话。"天这么热,你这是干什么去呀?""叔叔上班啊!""上班干什么呀？""上班挣钱吃饭啊。"

甜甜高兴的时候，说着说着，还会神秘地说："您信吗，我会学赵本山！"她便弓着腰，夸张地装着《小草》中的那个喜欢唱歌的老太太。甜甜刚一拿姿势，就把人逗得憋不住笑了起来。甜甜也笑了，就是那种满足后美美的笑！

甜甜的妈妈说："这孩子就愿意跟你疯，她表演的东西你要是笑了，看把她美的，比吃两根冰棍还高兴。回家准还会学点别的，就是想演给你看。"

对于过路人来说，看着甜甜的表演，一天的疲惫，不知觉间就烟消云散了，快乐也就油然而生了。而对于甜甜呢？把学来的东西表演给别人看，别人笑了，就是自己的努力得到了承认，自己心里也美滋滋的。

所以，我们必须爱别人，爱要通过给予而获得。

彻底接受自己，伟大是熬出来的

"在长跑中，如果说有什么必须战胜的对手，那就是过去的自己。"我们需要学会跟自己和解，不去责怪自己曾经的决定；要接受每一个阶段的自己，不论是好是坏，都是自己的人生。"

有两个年轻人，于20世纪90年代初，一起去俄罗斯远东地区做生意，两个人在当地都挣了一点钱，于是各自揣了百八十万分别去了俄罗斯的哈巴罗夫斯克和共青城开饭店。饭店的生意并不像他们想象的那么红火，一年下来，一算账，还赔了一些钱。其中去共青城的那个人想，如果这样赔下去，过不了两年，就会赔得"连本搭上"，莫不如趁现在还没有"全军覆没"，迅速打道回府。这样想着，他便廉价变卖了所有的家什、器械，从"那边"草草地回来了。

临走的时候，他去看他那个在哈巴罗夫斯克开饭店的同伴，同样生意也不好，算起账来也赔钱。所以他就劝同伴与他一道"别陷得太深"。可那同伴却"固执己见",说眼下整个俄罗斯的经济都不景气,要咬紧牙关度过艰难时期。于是没有同这位朋友一同打道回府。

转眼间十年过去了,回来的这个人今年要去干工程,明年又要包煤矿,结果十年里,他不但再没有做成一桩生意,而且当初积攒的那点钱也很快就用光了,现在只好靠给人家打工维持生计。

而那个在"那边"留下来的人,就执着地坚持着。在生意不景气的时候,他在开饭店的同时,还在饭店附近开垦了一片荒地,种植了各种各样的大棚蔬菜,后来还建起一座养鱼池,自己种菜养猪养鱼,在为自己饭店提供原材料的同时,还向周围的老百姓出售,结果形成了立体循环的多元化经营,真正实现了东方不亮西方亮。几项生意相互补充,相互支持,买卖越做越大,十年光景,固定资产已发展到上亿元,成为俄远东地区非常著名的华籍商人。

"不信东风唤不回。"只要坚持,任何难关都是暂时的。

一位企业家说过:"永远不要跟别人比幸运,我从来没想过我比别人幸运,我也许比他们更有毅力,在最困难的时候,他们熬不住了,我可以多熬一秒钟、两秒钟。"

救自己于水火

"人生不如意十之八九。"无论你是商人、白领、公务员、自由职业者,还是在家里忙里忙外的主妇,每个人的日子都不好过,各有各的烦恼,各有各的忧愁。

我人生最长的一段低谷期,大概有一年的时间,那一年是怎么过来的我真的不知道,每一分每一秒都在挣扎,焦虑,坐立不安。

就是我毕业那年。

面对不读研、分手、求职、陌生的城市,我整个人真的非常害怕,我唯一能做到的就是不把这种害怕说出来,不让家人担心。

那时没有确定要来北京工作,我锁定了四个城市:大连、沈阳、北京、天津。没有研究过任何求职方法,没有学姐学长介绍,没有导师推荐,更没有自媒体的便利条件,因为想做的工作和专业不符，所以你连求助都不知道求助谁，那时只知道有一个投简历的网站叫智联招聘，然后就瞎投简历，一有风吹草动，就买一张火车票赶过去。

那一年我坐了无数趟夜车，走过四个城市，在宾馆里一个人入眠，第二天一个人拿着手机按照百度地图的索引去面试。

后来又经过各种各样的挣扎，才一个人来到了北京，租住在一个破小区的侧卧里，每天研究怎样找工作，研究哪些企业有前途，研究自己的兴趣爱好，研究如何掌控时间。

人最没底气的时候就是你行动却无果的时候，面试被录用的公司你不想去，你开始迷茫你到底想要什么，就是在这样不断的挣扎中，我用双脚丈量了这个城市，我面试了50来家企业，光简历就写过10多份。

那段时间我现在想想都觉得害怕。那时候有个亲戚在百度工作，在北京我只认识她，她帮我介绍过几个职位，但都无疾而终。我喜欢的很多岗位也因为各种原因没有后文。

后来不得不去一家公司做业务员，由于是个小公司，每个人的工作量都很重，承担的任务也比较多，压力比较大。我不得不早出晚归，学行业技术，拜访客户，一年下来，积累了一定的知识和经验。

有了一年的积累，我跳槽到一家大企业，从最底层一步步升上来，三年后做到了副总经理。为了创造好的业绩，半年多来的大部分时间我都出差在外。公司的业绩大幅增加，年底拿了 40 余万奖金。

这一年，我 29 岁。

那几年，我自己怎么过来的，我好像都不记得了。

人类所有的力量，只是意志加上时间的混合。

"天助自助者。"请你务必一而再再而三，三而不竭，千次万次地救自己于人间水火。

遇见谁，
都是你生命中该出现的人

乔政华31岁了，与女朋友恋爱6年，眼看着快要到订婚的日子了，突然女朋友留下一张字条，与另一个男人走了。

了解乔政华的人都知道，他与女朋友的交往之路非常坎坷。

乔政华大学毕业后就在父亲开设的工厂里上班，年纪轻轻就当上了部门经理，管理一个重要的部门，一个跟随他父亲多年的老员工负责培养他、指导他。在毕业后的5年里，乔政华春风得意，业务开展得很顺利。

那时候，追求乔政华的姑娘很多，但他就偏偏看中了从农村来的梅。

由于中国传统门当户对思想的影响，开始家里不同意，他多次与家里理论，终于得到家里人的支持。后来梅身体不好，医生说3年之内最好不要结婚。为了梅的身体健康，他精心照顾她，给她很大鼓励。经过3年的治疗，梅的病好了。

第十一章
自愈力：不疲劳的生活法则

然后，乔政华又安排梅到父亲开的另一家工厂上班，并派她到外地学习了 2 年，为了梅的事业。在 6 年的交往中，乔政华付出了很多，可以说该做的都做了。

时间进入 2019 年底，因为疫情原因，乔政华父亲的工厂受到了很大的冲击。很快，工厂的利润被压缩在一个很小的空间，后来，很多业务干脆是赔本买卖了。

无奈，乔政华的父亲关闭了自己所有的工厂。

乔政华也成了一个失业青年。

就在乔政华的处境十分艰难的时候，梅提出了分手，跟着一个新加坡的老板跑了。

"父亲的工厂倒闭后，我没有钱，甚至连个完整的家都没有，她开始看不上我，觉得我不会有出息！"乔政华说，"经历了这件事，我激励自己将来要有出息，成为成功的人，要让别人看得起！事情发生后，我痛苦，明白了她不是我最终的人。所以我要找到能跟我同甘苦共患难的人！要幸福！"

乔政华不甘心失败，决定奋发图强。2023 年 4 月，各行各业都出现倒闭潮，资产价格大跌。乔政华在父亲的一位老朋友的资助下，趁机在福建低价收购了 3 家中型养殖场和一家食料加工厂。在父亲那帮老朋友的协助下，现在企业运转一切正常，管理规范，8 个月内就实现了赢利。

现在，在母亲的撮合下，乔政华与一位从英国留学回国的姑娘确定了恋爱关系。两人一见钟情，双方父母也都很满意。

受过伤的人,在经过一段或很长一段时间的调整以后,会活得更开心,因为就是那个人,让他知道了自己的危机。

如果再次碰到曾经背叛过你的人,你一定要说一声"谢谢",正是因为这个人的背叛,让你更加坚强,让你更懂得去爱,也更懂得如何呵护自己。

给你荣华富贵,锦衣玉食,只为让你知晓世间百态;使你穷困潦倒,深处绝境,只为让你通透人生冷暖。

永远不要责怪你生命中的任何人。无论你遇见谁,都是你生命中该出现的人。

好的人给你快乐,坏的人给你经历。

即使最差的人,也能给你一些教训。

这个世界上的所有人,都是来陪你的。

不过他们分工不同,分别让你体验人生的酸、甜、苦、辣,悲、欢、离、合。

感谢所有让你意识到自身的危机、使你坚强的人。

第十二章

智商过剩的时代,
走心是唯一的技巧

套路多的地方，诚信才是最大的底牌。人在返璞归真。未来，只有那些真正有价值的东西，才能打动我们。

这个世界越来越不一样。已经不是那个你几句忽悠的话就可以搞定客户、靠甜言蜜语就可以打动姑娘、吃了顿饭喝了一场酒就可以交心的时代了。人的心智变得越来越成熟，越来越理性。

一个人水平高，却混得一般，多半是人品不错

过去，女孩找对象的标准，就是"老实人"。因为老实人可靠、可信赖，不会有乱七八糟的事儿，自然也值得托付终身。而现在，提起老实人更多的是一种调侃，认为对方是"顽固不化"、没出息。

通常来说，正直、人品好的人往往有着自己为人处世的原则。无论周围的环境怎样变化、遇到的事情怎样让人无奈，他们都不会动摇自己的原则，更不会践踏自己的底线。这也就导致正直、人品好的人一般不会因为利益而去变通。

其实，这样也挺好。

我父母那代人，朋友50岁左右聚会的时候，非富即贵，60岁的时候，就是死的死，进去的进去了，能够安稳退休，连一半都没有。这时候那些当了一辈子老师、医生的人，反而安稳退休，拿着可观的退休金，给子女看孩子享受天伦之乐。

很多有能力的老实人，出身富贵家庭，自然知道送礼、走关系可以得到什么。

但是，他就是硬着头皮，装傻充愣，不送礼，不走关系。

宁愿被排挤，也不愿意"同流合污"，不做违心的事儿，不挣违法的钱，自然可以安安稳稳的不怕房塌。人品好、善良的人，不一定能够占到便宜，但是容易得到信任。恶魔也喜欢与天使打交道。

很多有能力的老实人，每一步都是脚踏实地走出来的，家庭虽然不是大富大贵，但是能够诗书传家，这种人，长远看，才是最后的赢家。

吃素的人，强行吃肉，会吐的。任何捷径都可能遭到反噬。

套路多的地方，
用心才是最好的底牌

人世间任何臻于圆满的艺术，都容不得偷工减料。即使很小的事情，你不用心，也做不好它。

在一本《浙商》杂志里，我看到了江桂兰的故事。故事的开头是这样的：

"1991年3月，28岁的江桂兰借来20万元的高利贷办起自己的塑料厂时，不仅是别人，就连她自己对以后的生活也没有底。她的条件并不优越：父母都是松门本地的农民，没资金没技术没关系；自己已经结婚6年了，还拉扯着一个6岁的孩子。唯一让她感到高兴的是，命运开始掌握在了自己的手里。"

当初，江桂兰靠3台旧的注塑机起家，刚开始生产渔家用的冰盒，但是，产品生产出来后却销不动。后来，她只好转产衣架。

江桂兰是个细心的人。她有个特点,无论做什么,要做就用心做,即使是很小的、不起眼的细节,也要尽力做好。

有一次,肯德基从北美发来一张传真,询问江桂兰能否生产西式快餐用的塑料刀、叉、勺,江桂兰回复"能"。发完传真后,江桂兰就开始开发模具,生产样品,并很快向美国供货。

肯德基收到该公司的货箱后,发现货箱装得整整齐齐,与其他公司货箱的凌乱形成了极大反差。

就这样,肯德基对温岭松门镇富岭塑胶有限公司有了初步的信任,后来肯德基又派专人到温岭进行考察。一开始,江桂兰没有通过肯德基的查验,江桂兰带领产品开发团队经过一周的用心设计,终于达到了肯德基要求的59项标准。

2003年底,第一批试单的餐具被运往美国。不久,肯德基就给江桂兰发来了1200万美元的订单。

江桂兰的成功正是出于她做事的态度,不做则已,要做就用心做好。在她看来,认真做好每一件事造就了自己今天的成功。

阿里巴巴创始人马云说:"服务是全世界最贵的产品,最好的服务就是不需要服务。"

在这个世界上,有很多人受过良好的教育,头脑也很聪明,知识面也很广,但是很难做出很大的成就,问题的关键就是他们普遍存在着一个共同的缺点,那就是做事时没有做到尽善尽美,只要凑合就行了。因为他们在工作时没有追求卓越,追求

100%，而是过多去想自己的工资和待遇。这种做事的态度，其结果是害了自己一辈子。

套路多的地方，用心才是最好的底牌。

心理学隐秘弱点：受助者恶意

什么是受助者恶意？

就是我们在帮助一个人的时候，他会对我们产生感激之情，但伴随"感激"还有一种相反的情感，极其隐秘，那就是"仇恨"。从心理学上讲，有些被帮助者会在受助中看见自己的无能、弱小和卑微，并认为帮助他的人是在施舍他、轻视他。而渴望平等，追求卓越，是人的本能，所以受助者就会一边接受帮助，一边心怀仇恨。也有一些受助者在习惯受助之后，会将帮助视为一种义务，而施助者一旦停止施助，就会引来不满甚至恨意。

王少阳本是一个穷困潦倒的赌徒，负债累累，在一次交通事故中救下了受伤的佳佳。佳佳出身名门，家境富裕，心地又十分善良，两人在一起后佳佳帮王少阳还清了所有的债务。但王少阳不戒赌，还欠下了更高的赌债，在发现佳佳准备提出离婚的时候,产生了杀妻夺财的念头。在真相大白之际,还喊出一句"都是佳佳你逼我的",不禁让人感叹善良只换来了恨意。

日本作家东野圭吾曾在小说《恶意》中如此诠释这种现象:

"我就是恨你,明明你是那么的善良,明明你一直在帮我实现理想,可我就是要恨你,我恨你如今有了光明的前途,我恨你抢先实现了我的理想,我把我对自己的恨一并给到你,全都用来恨你,而这就是受助者恶意。"

帮助他人时,为避免"受助者恶意",我们有必要遵循这些原则。

(1)不要因为内心的优越感去帮助别人。

(2)等对方真的求助的时候再施以援手,不要强行去帮助别人。

(3)与受助者保持一定距离。

(4)不要毫无底线地去帮助别人,"救急不救穷"。

(5)远离人格不健全的人。在生活中,我们要识别这类人,尽量远离,避免自己陷入危险的关系,千万不要抱有拯救对方的思想。

偏见是人的历史存在状态

如果你觉得人类是理性的动物，如果你认为自己可以搜集足够的信息并做出客观的决定，如果你自信能够不受他人影响做出自己的选择，那么你该醒醒了，有一个概念将会颠覆你的三观：认知偏见。

"偏见"这个词，可以衍生出不少大家熟悉的词汇：鄙视链、性别歧视……这些词汇司空见惯，很少有人认真思考它们背后的意义和问题。

伽达默尔说："偏见是人的历史存在状态，它与历史水乳交融，形成了一切理解的基本前提或视野。每个人都占据着一个他人无法取代或完全重合的理解视野。"除了圣人，我想问，有谁能够没有偏见？

伽达默尔将偏见分成两大类，一类是"合理的偏见"，另一类是"盲目的偏见"。合理的偏见是每个人都不可避免的，它是由历史传统造成的，我们每个人都生活在传统中，传统是无法超越的东西，而接受了传统也就意味着看问题有了自身的视角，意味着看问题的偏见性，因此合理的偏见是无法避免也不应该避免的。而盲目的偏见则是由于认知上的主观性错误，如盲目崇拜权威、轻率下结论等原因造成的，这种偏见是应当克服而且是可以克服的。

人类的思想跟人类的卵子很相像。卵子有一个"关闭"机制，当一个精子进入后，它就"关门"了，其余的精子就进不来了。人类的思想普遍有这类特征。这是偏见产生的根源之一，也是咱们平常说的某个人很"犟"的原因之一。

所以，没有人可以完全做到时时刻刻都客观公正，法官也不能，同一个案件，一审和二审的结果可能不同。

不要想自己没有偏见，更别指望别人没有偏见。

作恶的人
可以怪罪所有人,除了自己

卡朋是美国有名的黑社会头目,是全民公敌,后来在芝加哥被处决。他从未自责过,他觉得自己一直在为大众服务,可大家却在误解他,没有给予他尊重。

还有达奇·舒尔茨——臭名昭著的"纽约之鼠",因为帮派恩怨被杀死。生前,他曾接受过记者访问,他说自己一直在造福百姓。

美国一位典狱长刘易斯·路易斯说:"所有的犯人,很少有觉得自己是坏人的。他们与我们一样,会为自己辩解。他们当中有的撬过保险箱,有的开枪杀过人,犯的事各种各样,但他们有个共同的特点,就是他们总会为自己的行为找到合适的理由。不管这些理由是否成立,他们总会为自己辩解一番。他们觉得,自己根本没有错,不该被送到监狱里。"

穷凶极恶的罪犯都没有觉得自己错了,也从未自责过,那

第十二章
智商过剩的时代，走心是唯一的技巧

我们身边的人呢？是不是更加如此？

一般来说，人们都不会责备自己。就算犯了非常严重的错误，也是如此。

作恶的人可以怪罪所有人，除了自己。事实上，基本上所有人都是这样。所以，下一次，当你想指责某人时，请深吸一口气。指责就像一支回旋镖，总会返回来，伤到自己。而被责备的人，他们可能会用同样激烈的指责来回击，也可能无辜地辩解："我从来没觉得自己哪里做错了！"

请试着理解别人吧，换位思考一下，别人为什么会这样做。我想，比起简单直接的批评，这样做会更有效。

不曾清贫难做人，
不穷一次永天真

一个人，因为房子的拆迁而获得了一大笔钱。而亲朋好友一听说，都来拜访他，说各种好听的话。但是最后都只有一个目的，就是借钱，甚至是直接的"求给"。而这个人有了钱也很大方，看数目也不多，就都一一满足了。

这个人有了钱，就想着不能坐吃山空，得做一些生意才行。因此，经过一些狐朋狗友的介绍，就投资了一些产业，但是没想到的是，由于太过轻易相信别人，产业都出了问题，负责的人也跑了。剩下的赔偿也需要自己出，最终拆迁的钱都赔进去了。

结果，这个人又变得一无所有，甚至还负了一些债。最终找亲朋好友帮助，他们都以各种理由推脱。

你有钱的时候，想要喝酒吃肉，一句话就有很多人响应你，陪着你一起吃吃喝喝，大家好不开心。你穷了，再说一句话看看，都没有人理会你了，都担心你不会买单。

人这一生，总要穷一次。穷过了，就看清楚了别人，也看清了自己。

一个人穷了，但不能躺下，更不能"装睡"。穷的时候，是一个人掉进了低谷，但没有关系，你要让自己动起来。哪怕是爬，也要慢慢爬出来。

聪明的人，在冬天里感悟春天，等待春天。

第十三章

不瞧不起任何人，也不必高看任何人

很多刚毕业没几年的人在谈薪水的时候总是说："因为我是新人，没有社会经验，所以如果单位觉得这个要求太……我也可以……"其实，单位的钱或许也是刚刚从银行取出来的，但是它们不会因为还没有被流通转手，而减损它的价值。

可以输给别人，不能输给自己。你自己看得起自己，别人才能看得起你；你对自己有信心，别人才能对你有信心。必须培养自己离开了谁都会过得很好的信心，也必须为自己能不依靠谁而提高自己的能力。只要多找找自己的优点，你就会发现自己并不是一无是处，别人也不是样样都行。

故意取悦别人
是自己对自身信心的打击

你是否有过这样的经历:

如果能帮上别人的忙,那一定要帮。即便很忙,也会优先把别人拜托办的事情办好。

别人对你的要求,只要不有悖于你的为人处世原则,你都会答应……比如,本来非常不愿意陪人家去做头发,却不好意思驳人家面子最后还是去了,浪费了整整一下午时间,结果耽误了自己的事情。

又比如,去朋友那里吃饭,本来可以不去的,却想着,人家出于好意,拒绝了会不会显得很不识抬举?

如果你经常这样做,就是在故意取悦别人,总认为取悦别人比取悦自己重要。

一成不变的生活容易使人觉得乏味,如果你能在生活中适当加点"调味剂",相信会使你的生活变得多姿多彩,与别人的关系也会更加融洽。一句由衷的赞美或一句得体的建议，会使别人感觉到你对他的重视，无形中增加对你的好感，拉近与你之间的距离。赞美别人，可以说工作做得好、衣服很好看呀等。

但是，千万不要说些言不由衷的话，故意取悦别人。比如本来他的穿着明显不协调，你却对他的穿着大加赞美；别人本来在某些方面有明显的缺陷，你却把这种缺陷说成正常。这样做，不但不会得到别人的好感，反而让对方认为你是个虚伪的人，或认为你必然有求于对方，弄不好还会产生小瞧你的心理。

中国人一直讲克己，讲谦让，但若过了头，就会被认为是谄媚，或者别有用心。

故意取悦别人的人往往是自卑倾向的人，而取悦的对象往往是"自我表现型"性格的人。"自我表现型"的人喜欢把自己的意见大声地表达出来，而有自卑倾向的人就容易附和对方的观点，或者认为对方的观点和做法的确很高明。

但我们不是说不要与"自我表现型"性格的人为伍，而是指不要过分地紧跟对方的步调。

比如，用私生活取悦别人。你或许会以为将你自己的隐私公之于众，就可以让他人快乐。你甚至想更加"高尚"，为了让他人获得快乐，你情愿牺牲自己的隐私。不管你是抱着什么样的心思公开自己的隐私，你所做的一切必然会导致一些不必要的麻烦，同时也会给你带来许多的不愉快。你要清楚，并不是每一个人都会理解你抖落自己隐私的目的，而且肯定会有人在获得你的隐私的时候，还暗暗地嘲笑你很傻很天真。

　　我们都不是他人的奴隶，所以无须故意取悦别人，我们也不想高踞于人们之上，所以也毫无必要装腔作势、盛气凌人。在我们面前，人们感到的是亲切、喜悦，以及对于完美的人和生命自由的向往。这就够了。

看重人生，
先从不看轻自己开始

一个人力资源经理对求职者说："不要不敢用眼睛看着我，你不敢瞧我的时候我也瞧不起你。"要让别人看得起，你首先要看得起自己。

听到一个故事：台湾著名作家林清玄，到好友李敖家中做客，惊奇地发现，李敖将自己开给他的稿费单都裱糊挂在墙上，从没领过。林清玄问他为什么，李敖说："你们开给我的稿费，远不及我的文章价值高。"

与这个故事的启发意义相似的还有一个故事：一位年轻画家，有次画了一幅画到街上出售。一个有钱人相中了，问卖多少钱。年轻画家毫不犹豫地要价500美元。有钱人觉得有些贵，便说："能不能少点儿？"

这位年轻画家说："不能少。"说着，将画撕成两半。

有钱人十分惊讶："年轻人，你怎么能撕碎它呢？多可惜啊。钱少点儿卖也行啊。你是生气了吗？"

"先生，我没有生气。这画我要价500美元，说明我认为它值这个价，你跟我还价，说明在你眼中它还不够好，不值得，所以我要继续努力，力争下次画好，直到顾客承认为止。"年轻画家一脸平静地说。

这两个故事的结局是这样的：宴会结束后，林清玄一五一十地把李敖拒领稿费的事情告诉了自己所在报社的老板，老板听后，觉得有理，一下子给李敖开出200万元稿酬。而那位不愿自轻自贱，坚信自己的画作值500美元的年轻画家，凭着勤奋，最终也成了大师，留下了许许多多的传世精品，而他的每幅经典之作，又何止500美元。

靠人推是走不远的

现实生活中,很多人希望找个依靠,等到好事转眼成空,沧桑过后,才会幡然醒悟。很多女明星当红之际,大多想嫁个有钱人,不用再拼搏厮杀,舒舒服服当个少奶奶。可是天有不测风云,有钱人可能时运不济失败破产,也可能喜新厌旧另觅新欢,女明星被抛弃之后,于是只能重出江湖。虽然辛苦些,还是靠自己最踏实。

娟子今年45岁了,名牌大学毕业,参加工作后,找了个清华的博士——占军,在别人眼里出色的才子。娟子自己学的是外语专业,在国门未开的年代,外文百无一用。结果一晃25年过去,占军在清水衙门的单位里待了一辈子,而娟子除了正职,还在各种出国培训学校教英语,摇身一变成为赚钱高手,家里全靠她支撑。她感叹,当年以为从此有依靠了,现在是谁靠谁?

第十三章
不瞧不起任何人，也不必高看任何人

所以，我们不能靠天，也不能靠地，我们只能靠自己。

或许，你还没有达到自己想要的高度，还没有选好可以护你平安的高枝头，也许你希望依靠别人的力量获得一些帮助，你也许会觉得你别无他法，只能依靠别人。可是，你依靠别人所换取的，却往往是令你失望的结果。

所以，哲人说，当你希望依靠别人的时候，其实真正能够依靠的只有你自己。无论什么时候，无论处于什么状况，只有你自己是最可靠的。

人人生而平等，大家都是血肉之躯，有谁天生就高贵呢？生活中我们这些凡夫俗子谁又比谁差呢？可数年之后，生活注定会把我们分成坐车的、赶车的、造车的、修车的。

人的一生就是靠自己雕琢的。一个人光靠输血是活不久的，关键是自己造血。

成功者说：
虽然这个很困难，但它是可能的

古往今来，每一个伟大的人物在其生活和事业的旅途中，无不是以坚强自信为其先导。拿破仑就曾宣称："在我的字典中没有不可能的字眼。"这是何等豪迈的自信，正是因为这种自信激起了他无比的智慧和巨大的力量，才能使他成为横扫欧洲的一代名将。

永远也不要消极地认定什么事情是不可能的，首先你要认为你能，再去尝试，最后你就发现你确实能。

当亨利·福特决定制造著名的V-8汽车时，他打算造一台内置8个汽缸的引擎，并让工程师进行设计。但是，设计图绘制出来后，工程师们一致认为不可能在一个引擎内放置8个汽缸。

福特说："无论如何，要想办法造出来！"

他们答道："可是，这不可能！"

第十三章
不瞧不起任何人，也不必高看任何人

"尽管去做，"福特命令他们，"不管花多少时间，一定要做出来。"

工程师们开始工作了。对他们来说，如果还想在福特公司干下去，那么别无选择。6个月过去了，毫无进展。又过了6个月，还是毫无进展。工程师们尝试了能够想到的每一种方案，但就是不行，也就是说"不可能"。

到了年底，福特来检查他们的工作，他们还是告诉他，根本无法完成他的命令。

"接着做，"福特说，"我想要这样的引擎，我一定要拥有它。"

他们于是继续工作，然后好像出现了奇迹，他们终于发现了奥秘。

福特的决心再一次获胜了！

这个故事的细节不够详尽，但其大意和精髓已经呈现出来。从这个故事中不难发现福特成为一代富豪的秘密。

"每一个问题都隐含解决的种子。"这句了不起的话是美国一位杰出的思想家史坦利·阿诺德说的。它强调了一个重要的事实，就是每一个问题都自有解决之道。几乎所有的人都认为问题本身必是坏的，其实事实正好相反，问题可能通常都是好的。

不后悔

若干年前,一个年轻人离开故乡,开创自己的事业。他动身的第一站,是去拜访本族的族长,请求指点。老族长正在练字,他听说本族有位后辈开始踏上人生的旅途,就写了3个字:不要怕。然后抬起头来,望着年轻人说:"孩子,人生的秘诀只有6个字,今天先告诉你3个,供你半生受用。" 30年后,这个年轻人已人到中年,有了一些成就,也添了很多伤心事。归程漫漫,到了家乡,他又去拜访那位族长。他到了族长家里,才知道老人家几年前已经去世了,家人取出一个密封的信封交给他说:"这是族长生前留给你的,他说有一天你会再来的。"还乡的游子这才想起来,30年前他在这里听到人生的一半秘诀,拆开信封,里面赫然也是3个大字:不后悔。

30岁的人,什么事情都要考虑,他们上有父母,还有老婆孩子,所以这时候做什么事情可能都有所顾忌。但是,不要害怕,

第十三章
不瞧不起任何人，也不必高看任何人

你还年轻，你还有强壮的生命和时间，足以做你想做的事情！

"不要怕"，表示要有勇气，要勇于承担责任，要不怕挫折，不怕失败，要有在哪里跌倒就在哪里爬起来的毅力。

一个人想干成点事儿，想做出点成绩，首先要有明确的目标，其次要敢于选择，不惧风险。在为人生目标大胆实践的过程中，挫折、困难、孤单、委屈、被人笑、被人耍均在所难免，且越是崇高、越是远大的目标，遇到的困难就会越多，遇到的阻力也会越大。这些阻力有自然环境给的，有社会关系的羁绊，更有自己内心求安稳、求平和、知足常乐的阻力。但一个人只有敢于选择、敢于实践，不畏艰险与困难，才能朝着自己的人生目标迈进，才能不断有所突破，有所超越，也才能实现人生的价值，享受到生命的快乐。

不要后悔，要想办法。

"不后悔"，就是回头看自己人生的时候，不要对自己人生的选择后悔。因为年轻，可能做出了很多看起来错误的选择，但是请不要后悔，因为那就是你的人生。那已经是你的人生了，后悔只会徒增悲伤，只会影响你对未来的希望和看法。

30岁以前就尝到困难的滋味当然是一件不幸的事，但不一定是坏事。30岁之前就过早地成功而后又快速凋零也许才是最大的不幸。暂时的困难也许让你想起尘封的梦想，也许会唤醒连你自己都从未知道的潜能。也许你本来就没什么梦想，这时候也会逼着你去做梦。

第十四章

时间真的会随着年龄增长不断加速

这个时代里，失败者失败的原因迥异，成功的人成功的原因却大致相同。成功的人有几个共性，其中，最常见的，是他们都重视自己的时间，会利用时间，会用时间更好地投资自己。对于一个能赚一个亿的人来说，时间比钱更重要。

普通的人，可能没钱，可能没背景，但他们一定有的，是大把大把的时间。这些时间，可以毁掉一个人，也可以塑造一个更好的自己。每一个成功者，都是善于利用时间的高手。

迟到定律：
时间越充足，越容易迟到

一项研究表明，人对待时间的感觉有三层意识：实际时间层面、主观时间层面和经验时间层面。有迟到症倾向的人，更容易受到主观时间的影响——他们更在乎当前时刻的感觉满足程度，而非时间的精度和准确性。这也意味着有迟到症的人更容易在周末和假期出现迟到行为——稍微多玩几分钟游戏、多睡几分钟都会影响他们的时间感知与规划。

刚上班不久的燕子总是迟到，并且她每次都会找各种各样的理由。比如定好的闹钟没响，家里的水管在出门前居然坏了，自己今天不舒服，等等。这些看似冠冕堂皇的理由，却不会阻止老板扣她的薪水，她也不知道为什么自己就不能准时到单位上班，出门前总会被各种事情缠身。自己本来业绩就不好，现在又被扣了这么多薪水，还拿什么来养家糊口啊，这着实让她发愁。

但是，难道别人就没有碰到突发事件吗？他们为什么还依然能够准时来上班呢？其实，燕子每天醒得也非常早，但就是赖床不起，挣扎半天好不容易起来，又折腾这折腾那，结果就迟到了。刚开始她迟到了，老板也没说什么，就随她去了。后来，她慢慢养成了这种无论时间多么充足都要迟到的坏习惯，而且她找的那些借口再也不能说服老板了，就受到了处罚。

对于有迟到症的人而言，他们往往难以把握时间的长度、跨度和前后关系，逐渐形成一种忽视时间的态度和惯性，因而总是来不及。

即使时间特别充足，也会被你一点点消耗掉，在开始一件事情的时候，你总会不紧不慢，而当最后期限临近的时候，才开始忙碌，却又会被一些突发事件所阻挠。就这样，这件事情不能如期完成，被拖延到了下一天。

我们知道每一个借口都只是让我们暂时逃避了所要面临的困难与责任，让我们暂时获得了心理安慰。可是，这种暂时的心理慰藉会让我们不以为然，得寸进尺，拖延成性。

克服迟到症，最有效的方法是制订计划表，而且要具体到时间。比如几点几分做什么，完成到什么程度，并严格执行。还要制定完成不了的惩罚措施，比如多长时间不能看手机。

为什么等待的时间总是那么漫长

我们常常会陷入无止境等待的苦恼中,眼睁睁地看着时间就那样被慢慢消耗掉。在等待的时候,我们总会觉得时间过得太慢,总会感到特别无聊、心烦和孤单,这应该是绝大多数人有过的感受。

每年年末, 当我们终于买到票可以踏上回家的旅程时,必须进入候车室等待检票上车,候车室里,可以看到一排排的座位都坐满了等候上车的人。在等待中,人们难免会产生抱怨和不满的情绪,明明距离上车只有半个小时的时间,却好像已经等了2个小时了。时间在等待的过程中,似乎比蜗牛爬还慢。

在等待的时间里,有的人拿起一本书或是一份杂志来打发时间,倒是会让时间过得相对来说快一些。有的人会刷抖音、玩游戏、看影视剧,可是又担心手机会没电,接下来的时间更难度过,所以也不敢多玩。最痛苦的等待就是什么也干不了,只能东瞅瞅西瞄瞄来消磨时间，或是偶尔听听旁边人的对话，看能不能插上话，听着播音员动听的声音，看着屏幕上的显示，自己的车依旧没有进站，这总是让人感到很无奈。

生活中还有很多需要等待的场面。比如去餐厅吃饭，赶上高峰期的话，就需要等；开车着急上班，碰上堵车的话，还得等。其实，在等待中我们应该学会转移自己的注意力，让自己觉得等待的时间其实也没有那么难以度过。

管理学专家大卫·梅斯特最早提出了排队心理学，他的理论解释了人们在没事做或者等待时间不确定等情况下，会觉得自己等了很久。

大卫·梅斯特的排队心理学有五个重点：

第一，顾客没事做时会觉得自己等了很久。想要减少顾客等待时的焦虑感，一个有效方法是让他们有事可做。比如很多餐厅都会提前拿菜单给顾客参考，医疗诊所也会给患者提供相关的杂志。

第二，焦虑不安的顾客会觉得自己等了很久。当顾客觉得自己被商家遗忘，或是别的队伍排得很快，自己排的这队没有动静时，他们就会焦虑不安，感觉时间过得特别慢。这时，及时的解释或是提供饮料，可以缓解一些焦虑。

第三，不确定的等待会让人觉得自己等了很久。所以告诉顾客需要等多久是一个好方法。

第四，不公平的等待会让顾客觉得等了很久。所以要以"先到先服务"为基本原则。

第五，服务的价格或价值越贵，顾客就愿意等越久。只买一件商品的顾客和买了一周生活所需的顾客，面对排队的心理也不一样，前者会更没耐心。如果有对应的单件商品结账柜台，就可以解决问题。

这给我们的生活很多启示。当你感觉等待很烦躁的时候，不妨：

1. 找点让自己愉悦的乐子

把你的手放在热水里半分钟，感觉像一个小时；坐在一个漂亮的姑娘身边，整整一个小时，感觉像一分钟。

2. 干点其他的事情

当你在等待某事发生时，你的注意力可能会高度集中在这个事件上。由于你在等待期间没有很多其他刺激来分散注意力，时间感觉会变慢。

觉得为时已晚的时候，
恰恰是最早的时候

很多人，因为一些过去的错误而导致精神压力很大，认为已经失去了一切，再也回不来或者再也改变不了了。其实仔细一想，你周围还有很多值得你去付出或者享受的东西。

觉得为时已晚，真正醒悟了，从当下出发，也就为时不晚，是最早的时候。

你以后还能比今天更年轻吗？你以后还能比今天更活力四射吗？

有人22岁就毕业了，但等了5年才找到好的工作！

有人25岁就当上CEO，却在50岁去世。

有人到50岁才当上CEO，然后活到90岁。

有人30岁依然单身，同时也有人已婚。

奥巴马55岁就退休，特朗普70岁才开始当总统。

许多人在晚年时才实现自己的梦想，他们的人生并没有因

第十四章
时间真的会随着年龄增长不断加速

此而失去意义。世界上每个人本来就有自己的发展时区。

凌晨一点半,东京的一家酒吧里,82岁高龄人气DJ——岩室纯子,正做着演出前的最后准备,而舞池里的青年男女早已按捺不住激动的心情,大声叫着纯子的名字!

纯子出生于1935年,父亲年轻时是一名爵士鼓手,由于从小受到父亲的影响,她十分热爱音乐。然而,父亲为了生计放弃了爵士乐,开了家名叫庄姆罗的小餐馆,并且不允许孩子们做与音乐相关的职业。

纯子不得不把梦想搁浅,继承家族餐馆,做起了饺子铺生意。

几十年过去了,纯子原以为这辈子自己就如此平庸下去,可没想到的是,老天给了她一次追寻梦想的机会。

2003年,纯子结识了一位来家寄宿的法国小伙,小伙子是个DJ迷,在他的盛情邀请下,纯子第一次踏进了夜店。她被DJ的音乐节奏深深吸引,心中的某处火光再次被点亮。

回到家后,纯子的内心久久不能平静,有两种声音在不断地吵架抗衡:

"都这把岁数了,再去折腾年轻人的东西,会被嘲笑的吧!"

"但是只要你想,什么时候都为时不晚,管别人怎么说!"

纯子听从了内心的选择,通过一年的学习,纯子形成了一套自己的打碟风格,而且被越来越多的年轻人喜欢。

身边有些人看似走在你前面,也有人看似走在你后面。但其实每个人在自己的时区有自己的步程。不用嫉妒或嘲笑他们。他们都在自己的时区里，你也是！时间不老，此生未完，心中有梦不怕迟，纵然暮年也能追！20岁也好，70岁也罢，你与梦想的距离，就差一个勇敢的开始。

生命就是等待正确的行动时机。所以，放轻松。你没有落后，你也没有领先。在命运为你安排的，属于自己的时区里，一切都准时。

人生从来没有太晚的开始，与其幻想一万遍，不如行动一点点。

当你慢慢变老，时间也会跟着加速

当我们还处于孩童时期时，并没有觉得时光如流水般流逝，每天只知道与小伙伴们嬉戏打闹，再大一点的时候会去学校读书，没有多余的烦恼，也不会去思考时间过得快还是慢，之后，伴随着年龄的增长，我们身边重要的人慢慢离开，今天要做的事情总感觉怎么也做不完，这才意识到时间的流逝，我们会时不时地感慨一番：时间过得也太快了，简直就是一闭眼一睁眼的过程。在校园的美好时光还没有享受够时，就得面对来自职场中的各种压力了。

我们总会觉得当自己真正意识到时间的重要性，并想要好好去珍惜它时，却觉得它总是稍纵即逝的。当我们迫切想要在工作中取得一点儿成绩，决定要认真努力去工作的时候，却发现自己一整天好像什么事情也没有做成。时间就那样匆匆忙忙地溜走了，这难免会让我们觉得有什么东西偷走了时间，要不然时间也不可能过得如此之快。当然不会真的有东西去偷走时间，每个人都同样地拥有一天 24 小时，只是长大后的我们有众多杂事缠身，不能够专注地去只做一件事情了，所以会觉得时间特别不够用。

曾经有一位专家进行了一项调查，他的研究对象为工作忙碌的经理人。为了得出一个准确的结论，他跟踪了他们十年之久。最终，他发现虽然每位经理人看起来都非常忙碌，但他们中有 90% 的人每天都会把很多时间浪费在无用的事情上，也就是说他们虽然很忙碌，但多是在做无用功，而剩余的那些经理人则可以利用有限的时间将自己的工作完成，甚至有时候还会制订好下一阶段的工作计划。同样的时间，有人会觉得时间不够用，而有人却能够将时间合理利用，这完全取决于他们对时间的不同管理方式。

在现实生活中，时间之于每一个人都十分重要，但总会有一些琐事浪费掉我们的宝贵时间，让我们不自觉地认为时间随着年龄的增长在不断加速。比如当我们需要开始工作的时候，总会发现自己所需要的资料还没有准备好，于是便开始东找西找，时间就这样在找东西的过程中一步步溜走了。当我们开始懒散，将今天的事情拖延到明天的时候，也会觉得时间不够用。那么，还有一些什么样的习惯使我们觉得时间在加速流逝呢？

第十四章
时间真的会随着年龄增长不断加速

1. 不能够合理安排工作

有些人明明能力有限，连自己手头上的工作都做不好，但为了出风头，在上司面前表现，常常大事小事全包。最后，不仅没有把自己的本职工作做好，耽误了时间，还把其他任务也耽误了。这种人不仅不会得到上司表扬，还会被臭骂一顿。所以，一定要学会合理地安排工作，先把自己手头上的工作做好，再去做额外的工作。

2. 不能够明确工作目标

有些人容易心浮气躁，做一项工作时觉得麻烦，就会转手去进行另一项工作，不能够从一而终，最后什么也做不好。因为不能够明确自己当天的工作目标，专注地去做一件事情，最终一事无成。

3. 不能够严格要求自己

本来一项工作可以在一周内完成，但因为开始几天总是拖着不做，等到期限快到的时候才开始着急，最后完成的时间超过了原先预计好的时间。因为太放纵自己，不能够严于律己，最终养成了办事拖拉的习惯，并让时间就那么轻易地溜走了。

时间会随着年龄的增长而加速，是因为我们小时候不用想太多，只要做好一件事情就好。而长大后的我们，需要面对各种各样的事情，去认真处理和协调各方面的关系，这些都需要时间，让我们觉得时间不够用。但只要我们懂得如何管理时间，还是可以在有限的时间内取得傲人的成绩的。

第十五章

不要辜负了每一次"好危机"

赚钱是一项充满风险的，事事如意、样样顺心的情况是罕见的。事实上，逆境多于顺境，失败、挫折、打击和危机，常常伴随着你的成长。但利用得好，风险也是机遇。

　　一位很成功的商人说："生意很顺的时候，我一定是铁青着脸的，因为大家都开心，也就有危机存在。而大家都很痛苦的时候，机会往往就来了。"危机能把一个人击倒，当把它看作一个机会的时候，它又能使倒下的人站起来。

一部基于假象和谎言的连续剧

投资界大鳄索罗斯说:世界经济史就是一部基于谎言和假象的连续剧。你要想获得财富,最好的办法就是看透其中的假象,让自己投入其中,然后,在所有假象被大众认知之前迅速退出游戏。

基于假象和谎言的,何止是经济史呢。

《皇帝的新装》是一篇经典童话:面对那个赤裸全身在大家眼前游行的皇帝,所有的人竖起大拇指,夸他的衣服漂亮。并且都恪守秩序、点评的头头是道。

最后,一个天真的小孩站出来勇敢地说:他明明什么都没穿啊!

刹那间,整个世界尴尬无比。

是世界太假,还是自己太傻?

我们的世界似乎太过单纯,单纯得相信世界上可以没有谎言，没有不公平，没有嘲笑，没有所谓的钩心斗角。

小时候总抱怨，为什么我的妈妈不够漂亮，为什么爸妈不给我买更好的，为什么自己四年级就近视了，那还是戴眼镜很稀奇的时候。那时候我被整个班级嘲笑是四眼田鸡，嘲笑了两年，直到后来大家都开始戴眼镜。

现在觉得，我的妈妈不漂亮是假的，相反，在我心中她是世界上最漂亮的女人，没有之一；我爸妈对我不好是假的，相反，他们对我好得无可挑剔。

当你能接受世界的一切，甚至生活中的假的时候，你就无往不利了。

所以，当你看到一个财富的趋势的时候，聪明的做法是跟上。然后，在大家都欢呼的时候，优雅地退出。

骗人的那些人并不是很聪明，为什么我们还会上当

我们都有这样的经验，在街头行骗的骗子常常把目标对准老人和穷人。为什么？因为富人一般不会被那些阴暗角落里猜扑克的、套圈的、换美元的、卖"祖传"古董的各色人等所诱惑。

大多数时候，人之所以上当，不是因为骗子聪明过人，而是因为自己有所贪，有所图，于是侥幸心理就产生了。真正的富人，都有自己的财富来源，不会对这些飞来横财想入非非。真正的富人，大多也是久经沙场，通达世事，早就炼出了火眼金睛，不然他的财富何以能够聚集，又何以能够留存？

前些年，曾经兴起过一股理财热，开始的时候欢天喜地，到最后不知套牢了多少人。经济学家这才站出来说：你怎么那么傻？也不算算什么生意能轻而易举赚到30%的纯利润，还要返本给你！除非是拿你的骨头熬你的油！其实集资者哪里是要吃你100%的钱哦，他没有那么贪，他只要70%就行了，剩

下 30% 他大大方方作为第一年的利息发放。你很感动，千恩万谢，至少往后 365 天是放心的。这么长的日子，完全够他从从容容地卷铺盖走人了。

可是穷人并不这么想，他的逻辑很简单：我是投资，投资就要有回报，天经地义，你该给我！

世界上应该的事情多了，可是能不能兑现，还得要你亲自去把握。生意上的大忌讳是隔袋买猫、隔山买牛，这一个"隔"字就是问题的关键，凡是你不能亲自控制的事，最终多半会出乱子。

王某曾被列入全省十大民营企业家之首，他的 J 公司被列入全市重点扶持的民营企业之一。

2023 年夏天，J 公司又成立了一个分公司——汽车租赁公司，准备做汽车租赁生意。王某找到了 W 集团副总经理林某，王某称为市工商银行收储，如 W 公司在工商银行开户存款 700 万元，存期 20 天，他可以从工商银行贷到款，然后他付给 W 公司利息 20 万元。当时，如果按国家银行的利率计算，700 万元 20 天的利息只有 2000 多元，就是按其 10 倍计算，也只有 2 万多元。

林某看到王某坐的是林肯轿车，一副一掷千金的派头，林某认为钱存在自己公司的账户上，既无风险又有利可图，又听说王某是省里实力雄厚的民营企业家，便同意在市工商银行存款 700 万元。11 月 25 日，林某带着 W 公司的印章来到工商

第十五章
不要辜负了每一次"好危机"

银行以自己公司的名义开了户,将700万元存了进去。

王某让公司会计拿着偷盖印章的转账支票和空白凭证购买单,到工商银行将W公司账上的700万元全部转到了J公司的账上。

"可怕的不是骗子,而是自己的心。"重利之诱下,切不可丧失警惕。现在全世界的资金回报率一般在15%以下,10亿元的巨额资金加以精心经营和科学管理,能取得10%的利润已很不容易。

人们只要不抱着贪图便宜、不劳而获、梦想着高息的心理,坏人就不会得逞。

再比如,有人叫你去入股,当个小股东,百事不操心,只等着年底分红,你相信吗?有人要代你炒股,不用你盯着K线图,每天搞得头晕眼花,只要交出股东代码本,偶尔看看资金账户,看存款后面是涨了一个零还是两个零,你动心吗?世界上这样的好事太多了,只要你有钱,总会有人找上门来,劝说你以钱生钱,实现一个滚雪球发大财轻轻松松赚大钱的梦想。

但是,你要知道,世界上哪有那么轻松的好事,即使有也落不到你的头上!

所有侥幸,其实都在暗中标有价格。

那些侥幸获得的东西,终将会在未来某天,让我们付出相应的代价。

当遇到大的诱惑的时候,沉住气

当今的社会是一个开放的社会,开放的社会为人们提供许多发展的机会。机会多诱惑就多,诱惑多了,心就容易乱,心乱表现在行为上的忙碌失措。

股神巴菲特有一句名言:"在别人贪婪的时候谨慎一些,在别人恐惧的时候大胆一些。"他还说"如果你没有持有一种股票十年的准备,那么连十分钟都不要持有。"说起来容易,可是有几个人能够做到?我们做不到,可能会把原因归结为中国股市的中国特色,在这样一个不成熟的市场里,想持股十年,不是有病?!

其实,中国股市的毛病,并非只有中国才有,美国一样有"安然事件",一样有"网络泡沫",投资者一样被套得很惨。做了一辈子股票的巴菲特,并不是随时都在买卖股票。

无论做什么事情,都不能为了蝇头小利而放弃固有原则,

第十五章
不要辜负了每一次"好危机"

不能因为一时得失而打乱全局,要学会综合衡量利益的大小,切勿因小失大。

这就需要在纷繁复杂、瞬息万变的商场中,始终保持冷静的头脑,慎重考虑,也就是能够"沉住气"。

面对唾手可得的利益时需要沉住气,冷静计算得到该利益需要付出的代价。确实有利可图的,要周密决策,谨慎行事,确保以最小的代价获得最大的利益。

局势混沌不清时,即使面前有巨大的利益,也不可草率做出决策,而要以非凡的耐性稳定情绪,等待形势进一步变化,认清发展趋势,待一切明朗,非常有把握时果断出手,这样才能避免因贪图一时之利而满盘皆输。

"二战"以后不久,松下接手了一家濒临倒闭的缝纫机公司。起初,他觉得有办法起死回生,但由于不擅长此方面的业务,而且竞争对手林立,自感无法抗衡,便立即退了出来。当然,已经费了一番功夫,财力、物力、人力都会有些损失,但总比继续毫无希望地硬撑下去合算。

松下还有一次更大的"撤退"。1964年,松下在大型电脑制造方面投入了十几亿日元的资金,并且已经研制出了样机,达到了实用化的程度。当时,日本有包括松下在内的7家公司在从事大型电脑的科研开发,而市场却远不那么乐观,继续下去,势必形成恶性竞争的局面。松下认为,与其恶性竞争而两败俱伤,还不如早些退出为好,于是他毅然退出竞争。后来的事实证明，松下撤退这步棋走得很正确。直到今天，家用、小型电脑长足发展了，大型电脑却比较冷清。

要做到进退有方，就必须戒贪，见到利益不能一味恋战。

比如，犹太民族虽然是个爱钱的民族，他们却只赚自己应该得到的钱，而不去贪图不属于自己的钱。他们在金钱的诱惑面前，总能保持足够的定力。

"利益"两个字极其诱人。事实上犹太人提倡静若止水的心态和收放结合的达观理念。因此，他们总是在享受金钱的快乐时，而不唯利是图。

面对多如牛毛的机会时，不要慌乱，要瞄准最适合自己的一个，敢于对其他的机会说"不"。老板的主要任务不是寻找机会而是对机会说"不"。机会太多，只能抓一个，抓多了，什么都会丢掉。

春天最舒服，但更有价值的是冬天

经过对中国经济的研究后，就不难发现，中国的大多数公司都是在对市场的混沌认识之下发展起来的。

在互联网刚刚被大家认识的时候，搜狐、新浪这些公司的创业者们也不知道网站到底怎样做才好，甚至走了一些弯路，最后才走到正确的轨道上来。那时候，互联网还没有形成规模，还不被大多数人了解和看好。在大势不好的情况下，张朝阳等人用自己的智慧成就了互联网的繁荣时代。公司规模迅速扩张，并成功上市。

但物极必反，随之而来的是被业界称之为的"互联网的冬天"。但就是在这个冬天里，另一家公司却实现了事业的强势转折。阿里巴巴的马云甚至扬言："让互联网的冬天更长一些吧。"

著名企业家王伦说："当行业热潮渐退的时候，业界开始流传冬天来临的说法，那么如果说真的是冬天的话，这个冬天到底是谁的冬天?"

王伦分析大势不好的原因一般有以下几种:

1. 盲目追捧和投资

许多人只是听说某行业很赚钱,就盲目跟风,导致最后市场不但饱和,而且都把产品做烂了,所以死了一大批公司。

2. 业界的浮躁

一种新理念兴起而盲目跟风,最后导致垮掉。打个比方,一个城市突然冒出上万家××店,而且卖的东西都大同小异,严重供过于求,到最后,能不死掉一批吗?

大势不好,一大批公司死掉,不但不是冬天的来临,反而有利于行业的良性发展。因为正是这些公司的死掉,给众多盲目的人们敲响了警钟,使公司能够更清楚更透彻地看待这个问题,正是这些公司的死掉,结束了行业浮夸成风、鱼龙混杂的局面,活下来的都是比较有实力的,市场秩序更好一些。

司机最重要的一个技能是踩刹车

一个富翁教儿子开车,富翁说"你看到我怎么开了吧,你不要管这车是什么牌子,值多少钱,这和开车没关系,你只要记得一样,遇到状况,就踩刹车。"

五分钟后,儿子成功地把一辆豪华的奔驰撞到了路牌上,吓得一句话不敢说,富翁也利用这机会说了一段非常有说服力的话:"你看到了吧,不刹车就会失控,而失控是最坏的情况,因为没有人知道失控以后会发生什么,开车是这样,做生意也是这样,在不清楚周围情况的时候就要刹车,随时刹车!"随时刹车,就可以让我们知道自己在哪里,让我们知道做的事情是对还是错,可以让我们不过于情绪化进而客观地分析问题,可以随时调整。

很多人在获得成功之前,都有过一段艰苦创业的历史,他们在困难面前能够保持乐观情绪和坚强信心。但是在公司进入发展阶段后，其中一些人往往头脑发热，忘乎所以，以至主观决策，盲目求快求大，使自己受到重大经济损失。

艾某是一家经营得十分出色的机电设备制造公司的总经理，他聪明能干而又精力旺盛。一次，他的一位债权人怂恿他将股票上市，筹集资金兼并另外两家工厂，并建议他将这三家公司组成艾氏实业集团。不幸的是，艾某本人及他的管理班子都没有对经营新公司做好充分准备，也没有掌握新收购公司的专业技术和管理经验，结果，这两家公司都陷入困境，最后停业。

还有些人获得成功的原因纯粹是机遇创造了条件。例如，当时的市场条件有利，或者竞争对手不多。这时，有的经营者和他的管理班子成员往往错误地将成就归功于自己的能力，而且还毫无根据地得出可以把任何规模的公司经营好的结论。在这种假说下，他们一心想把公司做大，这样，当然要冒极大的风险。

要随时准备停下来，尽管有时候决定不做比决定要做更难，放弃比抓住更需要决心。